게으른 족제비와
말을 알아듣는 로봇

튜링 테스트, 인공 신경망에서 논리 학습까지
– 대화형 AI 만들기

카와조에 아이 지음 | **하나마츠 아유미** 그림
윤재 옮김 | **차익종** 감수

비케북스

추천사

하루가 멀다하고 등장하는 획기적인 신기술들과 더불어 인공지능과 빅데이터는 미래 우리의 삶을 지금까지 경험해 보지 못한 수준으로 바꿔 놓을 것이다. 지금과 같은 격변기에는 인공지능 서비스의 소비자이자 데이터 공급자인 일반인들도 인공지능 로봇 기술에 대한 최소한의 지식을 갖출 필요가 있다. 이를 위해서는 수학과 코딩 능력이 반드시 뒤따라 주어야 하는데, 다행히 최근에 등장한 클릭-드래그 기반의 오픈소스 툴 덕분에 이제 구태여 코딩 능력까지는 필요치 않게 되었다. 다만 수학의 논리를 말로 설명하기란 쉽지 않은 일인데, 이 책의 저자 카와조에 아이는 이 작업을 환상적으로 잘 해냈다. 특히 딥 러닝을 간단한 곱하기, 더하기 등으로 정확하게 표현하고 설명하는 부분은 전문가인 내가 보아도 감탄스러울 정도다.

저자는 계산언어학 또는 자연어 처리에서 중요한 핵심 개념을 이 책에 모두 소개하고 있다. 또한 관련 개념인 음성 인식 챗봇, AI 스피커, 기계 학습(machine learning), 지도 학습, 비지도 학습, 튜링 테스트, 질문 응답, 컴퓨터 비전, 딥 러닝, 명제논리, 술어논리, 연역적 추론, 귀납적 추론, 구문해석, 워드넷, 워드투벡터(word2vec) 등 최신 기술도 소개한다. 20여 년 이상 연구에 전념한 필자의 공력이 느껴지는 깊이 있는 내용이다. 놀라운 점은 어려운 개념인 기계 학습 모델과 알고리즘을 평이한 언어로 정확하고 쉽게 설명한다는 것이다.

'언어를 이해하는 로봇 만들기'를 우화형식을 빌려 쉽게 접근할 수 있게 함으로써 수학과 알고리즘 지식이 없이도 인공지능의 핵심 개념 및 가능성에 대해 상당한 수준의 이해가 가능해질 것이다. 모든 이들에게 일독을 권한다.

조성준
서울대학교 산업공학과 교수
《세상을 읽는 새로운 언어, 빅데이터—미래를 혁신하는 빅데이터의 모든 것》 저자

차례

뭐든 다 하는 로봇을 만들자!

이야기의 시작

멀고 먼 옛날 옛적……이 아닌 얼마 전, 마을 주민이 모두 족제 비로 이루어진 '족제비 마을'이 있었어요. 이 좁은 마을에는 많은 족제비들이 살고 있었지요. 하지만 족제비는 다들 길고 마른 몸을 가졌기에 마을이 좁아도 괜찮았답니다.

족제비들은 열심히 일했지만, 마음속 깊은 곳에서는 언제나 '이 제는 그만 일하고 싶다. 대체 일하지 않아도 되는 날은 언제쯤 올 까?'라고 생각했답니다. 그러던 어느 해, 족제비 마을에서는 흉흉 한 일들이 연달아 일어났어요. 오이 농사는 흉작에, 원숭이들이 복 숭아와 감 따위를 훔쳐 먹기 일쑤였고, 마을 화폐인 '족제비 달러' 의 가치가 폭락하기까지…… 이런 뒤숭숭한 분위기 때문인지 일 하기 싫다는 마음이 더더욱 강해졌답니다.

그러던 차에 다른 마을에서 묘한 소문이 흘러들었어요. 올빼미 마을과 개미 마을 등등 여러 이웃 마을에서 무언가 편리한 로봇을 만들었다는 소문이었죠. 게다가 그 로봇들 덕분에 좋은 일이 일어나고 있는 모양이었어요.

족제비들은 처음에 이 소문을 전혀 믿지 않았답니다. 왜냐하면 그들은 내심 다른 마을의 동물들이 멍청하다고 생각하고 있었기 때문이에요. 그런데 어느 날 다 함께 숲을 찾았을 때 믿을 수 없는 장면을 보고 말았어요. 족제비들이 커다란 호수 주변에서 나무 열매를 줍고 있는데, 호숫가에서 묘한 목소리가 들려오지 뭐예요.

정체 모를 목소리 "자, 여러분. 드디어 목적지에 도착했습니다. 이곳은 육지가 아주 예쁘기로 유명해서 인기가 많답니다. 마음껏 즐기세요."

목소리가 들려오는 방향을 보니 물가 쪽에 배 한 척이 보였어요. 그런데 그 배는 거꾸로 뒤집힌 데다가 선체 대부분이 물에 잠겨 있었답니다. 배의 바닥 부분만 아주 살짝 물 위로 삐죽 튀어나와 있었어요.

그때였어요. 갑자기 철퍽 하는 소리가 들리더니, 물속에서 작은 곰 비슷한 그림자가 나타나서는 두 다리로 육지 위에 착지했답니다. 자세히 살펴보니 몸체와 팔다리가 기계로 만들어진 것

이었어요. 맞아요, 로봇이었답니다! 머리에는 우주복 헬멧 같은 것이 붙어 있고, 그 안에 물고기 한 마리가 쏙 들어가 있었어요. 헬멧 안에는 물이 가득 채워져 있었죠.

물고기가 몸을 살짝 움직이자 기계는 몸통과 팔다리를 두두둑 움직여 천천히 걷기 시작했어요. 물고기가 몸을 슬쩍 비틀자 이 번에는 걷는 방향이 바뀌네요. 그 뒤를 따라 같은 기계에 탄 몇 마리의 물고기들이 연달아 육지로 올라옵니다.

물고기 1 "세상에, 여기 너무 예쁘다~!"
물고기 2 "공기 중이란 게 이런 거구나."
물고기 3 "스트레스가 싹 날아가네. 조금 무리해서라도 회사에 휴가를 내고 온 보람이 있어."
물고기 4 "자격증 따 두길 잘했다. 나 왠지 어생관(魚生觀)이 바뀔 것 같아."

물고기들은 로봇 다리로 육지를 걸어 다닙니다. 로봇 손으로 나무 열매를 따기도 하고, 셀카를 찍기도 하는군요. 족제비들은 큰 충격을 받았어요. 왜냐하면 족제비들은 이제껏 물고기들을 물 밖에도 못 나오고 나무 열매도 딸 줄 모르는 바보로 취급해 왔기 때문이에요. 물고기들은 이윽고 족제비들이 쳐다보고 있는 것을 알아차리고 저마다 말합니다.

물고기들 "와! 족제비 무리다!" "어머, 정말! 호수에서 보던 것과 조금 다르네." "공기 중에서 보니까 좀 궁상맞아 보이는데?"

족제비들은 울컥했고, 다혈질의 젊은 족제비가 물고기들을 향해 뛰어갔답니다. 그러자 깜짝 놀란 물고기들은 부리나케 배를 향해 도망치기 시작했어요. 물고기들은 로봇을 입은 채로 호수에 뛰어들었는데, 그러다가 그만 그중 한 마리의 몸이 로봇에서 빠져 버리고 말았어요. 물고기들은 거꾸로 뒤집힌 배를 타고 재빨리 뭍에서 멀어져 갑니다. 호숫가에 로봇 몸 한 대를 덩그러니 남겨 둔 채로요.

족제비들은 그 로봇을 가지고 마을로 돌아가 서둘러 주민 회의를 열고 의견을 모았답니다.

"물고기들이 이런 로봇을 만들었다니……."

다들 동요를 감추지 못하네요. 그때 한 족제비가 말했어요.

"있잖아, 이걸 개량해서 더 대단한 로봇을 만들어 보면 어떨까? 물고기가 육지를 걷는 것보다 훨씬 더 어마어마한 일을 해낼 수 있는 로봇을 만들자."

족제비들은 다들 좋은 아이디어라고 생각했어요. 특히 물고기들 것보다 훨씬 더 대단한 로봇을 만들자는 말이 마음에 든 모양이에요.

"그럼 어떤 로봇을 만들까? 이 로봇은 물고기를 태우기 위한 거니까, 족제비가 탈 만한 로봇을 만들어 볼까?"

농부 족제비가 의견을 냅니다.

"그런 거 만들어서 언다 쓰게? 그보다는 밭일할 줄 아는 로봇을 만들자. 밭을 갈라고 말하면 갈아 주고, 오이를 수확하라고 말하면 수확해 주는 로봇은 어때?"

보따리장수 족제비가 끼어드네요.

"밭일만 하면 쓰나? 판매까지 직접 해야지. 판매도 아주 잘하는 로봇이 좋겠어. 돈이 많아 보이는 동물에게는 더 비싸게 팔 줄 아는 로봇 말이야."

다른 업종에 종사하는 족제비들도 제각기 의견을 내놓았어요.

"족제비 주민 센터 일도 힘드니까 로봇이 주민 센터 일도 꼭 대신 해 주면 좋겠어. 세금도 걷고, 마을 축제도 기획하고."
"족제비 마을 초등학교에도 교사가 부족해. 로봇이 교사 업무까지 할 줄 안다면 도움이 되겠어."

그렇게 이야기를 나누는 동안 의견들이 정리되기 시작합니다.

"그러니까 원하는 걸 말만 하면 알아서 척척 다 해 주는 로봇, 그게 가장 좋겠구나."
"그럼 우리가 하는 말은 뭐든 다 알아듣고, 뭐든 다 할 줄 아는 로봇을 많이 만들자. 그러면 그 로봇들에게 뭐든지 시킬 수 있으니까!"
"좋아. 그렇게 하면 아무도 일 안 해도 되겠다."

족제비들은 이 황홀한 계획이 얼마나 멋진지 감탄하고 또 감탄했습니다. 그런 로봇이 만들어지기만 한다면 족제비들은 왕처럼 살 수 있게 될 테니까요.

족제비 마을의 어마어마한 로봇 만들기 계획은 이렇게 시작되었답니다. 그런데 여러분, 이런 이야기를 어디선가 들어본 적이 있지 않나요? 내가 하는 말은 뭐든지 알아듣고, 뭐든지 할 줄 아는 로봇. 그런 로봇이 만들어질지도 모른다는 이야기, 그렇게 되면 우리 인간의 생활은 어떻게 변할 것인가 하는 이야기들 말이에요. 요즘 세상엔 이런 이야기가 넘쳐나고 있지요.

　로봇 기술이 발달하고 로봇의 두뇌인 인공지능 기술이 발전해 가면서 로봇이 할 수 있는 일도 점차 확장되고 있습니다. 앞으로도 더더욱 확장되어 갈 것은 불을 보듯 뻔한 일이죠. 그런데 '내가 무슨 말을 하든지 다 이해하고, 무엇이든 다 할 줄 아는 로봇'이란 게 정말 있을 수 있을까요? 이와 관련해서 우리는 말을 이해하는 것과 그 의미를 이해하는 것이 어떤 일인지를 생각해 볼 필요가 있습니다.

　우리는 일상생활을 하면서 종종 "저 사람 말이 무슨 말인지 이해가 간다."라거나 "무슨 말인지 도통 못 알아듣겠네."라는 말을 합니다. 하지만 그렇게 말하면서도 정작 자신이 어떤 의미로 말하는지 또렷하게 의식하고 있을까요? 실제로 우리는 다양한 내용을 무의식적으로 '말을 이해한다'라는 편리한 표현 속에 집어넣고 있기 때문에, 그것들을 하나하나 꺼내 보지 않고서는 '말을 정말 이해했나 못 했나' 하는 문제에 답할 수가 없답니다.

그리고 지금, "드디어 말을 이해하는 기계가 완성됐다."라거나 "기계는 진정한 의미에서 말을 이해할 수는 없다."라는 상반된 말을 여기저기서 듣고 있지요. 대체 어떤 게 맞는 말일까요? 여기에서도 우리는 '말을 안다'와 '말을 이해한다'라는 말 자체가 어떤 뜻인지를 생각해 보지 않으면 저 말들의 참뜻을 알 수가 없답니다.

이 책에서는 '말을 이해한다'라는 말의 뜻을 생각함으로써 기계, 그리고 우리 인간 스스로에 대해 탐구해 보고자 합니다. 여기서 중심이 되는 것이 '말의 의미란 무엇인가'라는 문제인데요, 미리 양해를 구하자면 사실 학계에서도 아직 이에 대한 분명한 답을 합의하지 못한 상태입니다. 오랜 세월에 걸쳐 철학과 언어학에서 고찰해 온 문제이지만 여전히 해결되지 않았지요. 그러므로 이 책에서도 말의 의미가 무엇인지 완전한 답을 낼 수는 없답니다.

그 대신, 이 책에서는 다음과 같은 질문에 대해 함께 생각해 보도록 하겠습니다.

- 말을 알아들었다고 말할 수 있으려면 적어도 무엇이 가능해야 하는가?
- 말을 이해한다는 행위는 적어도 무엇과 다른가?

이 두 가지 질문은 '말을 이해한다는 것이 어떤 일인가'라는 문제의 일부에 지나지 않습니다. 하지만 이를 아는 것만으로도 사람의 지성과 기계의 지성에 대해 생각해 보거나, 자신의 언어 습관과 말을 이해하는 방식을 되돌아볼 수 있게 되리라고 믿습니다.

이 책에서는 각 장의 에피소드를 실마리로 삼아 이러한 생각을 끌어내려 합니다. 뭐든지 다 아는 로봇을 만들고자 하는 족제비 마을 족제비들의 이야기를 풀어나갈 것입니다. 족제비들이 만나는 로봇들과 족제비들이 만들고자 하는 로봇을 통해 언어를 취급하는 기계 시스템을 간단히 소개하겠습니다. 그리고 '해설'을 통해 각 이야기의 주제를 더욱 깊이 파고들어 "해당 기계가 말을 이해한다고 말할 수 있을까?"라는 문제를 함께 생각해 보겠습니다.

한 가지 주의 사항이 있습니다. 바로 족제비들 이야기에 등장하는 기계와 기술이 반드시 현실의 최첨단 기술을 그대로 반영하고 있지는 않다는 점인데요, 자세한 내용은 각 장의 '해설'을 통해 설명하겠습니다.

자, 이제 이 책을 읽어 나가면서 우리는 족제비들에게서 어떤 인상을 받게 될까요? 족제비들이 하는 말, 또 족제비들이 만난 여러 동물들이 하는 말을 어떻게 생각하게 될까요? 다양한 느낌을 가질 수 있겠지만, 재미있게 읽어 주시면 기쁘겠습니다.

1장
로봇 귀를 구하러 두더지 마을로!
말을 듣고 판별하는 능력

족제비들은 물고기가 남기고 간 로봇을 기초로 해서 '우리가 하는 말은 뭐든지 알아듣고, 뭐든지 다 할 줄 아는 로봇'을 만들기로 했어요. 그러려면 가장 먼저 무엇을 해야 할까요?

"우선은 말을 알아들을 줄 알아야겠지?"
"맞아. 그런데 물고기 로봇에는 귀가 없네."
"좋아, 그럼 일단은 로봇에 달 귀를 구하자."

로봇에 달 귀라니…… 대체 그런 게 어디에 있을까요? 그때 마침 행상을 나갔던 보따리장수 족제비가 돌아와 말했어요.

"마을 밖에서 좋은 소식을 듣고 왔어. 두더지 마을에서 '두더지 귀'라는 기계를 팔기 시작했대. 말을 알아듣는 귀라지 뭐야?"

족제비들은 곧바로 두더지 마을로 향했습니다. 두더지 마을 입구에는 '두더지 귀 판매 전시장'이라고 적힌 플래카드가 걸려 있었고, 마을 안은 두더지 귀를 보러 온 동물들로 떠들썩했죠.

마을 곳곳에 설치된 스피커에서는 "두두~두더지~두더지 마을~ ♪"하는 판촉용 음악이 흘러나왔어요. 평소에는 땅속에서 생활해서 잘 보기 힘든 두더지들도 오늘만큼은 구멍에서 몸을 반쯤 내밀고 손님들에게 상품을 설명하고 있었답니다. 족제비들이 마을에 들어서자 머리에 '장사의 달인'이라고 적힌 머리띠를 두른 두더지가 족제비들을 불러 세웠어요.

장사의 달인 두더지 "아이고, 어서 오십시오. 족제비 마을 일행 여러분, 저희 매장을 찾아 주셔서 감~사합니다! 오늘의 주력 상품, 바로 이 '두더지 귀!'되겠습니다. 저희 두더지들의 경이로운 듣기 능력을 고스란히 재현해 낸 고성능, 고품질 제품입니다. 오늘 구매하시면 통상 가격의 10% 할인, 3년 무상 수리 보증! 그리고 거기에 더해 지금부터 20분 안에 구매해 주시는 분들께는 모든 두더지가 애용하는 '흙 속에서도 높은 곳에 달린 나뭇가지를 자를 수 있는 가위'를 사은품으로 드립니다!"

장사의 달인 두더지의 입이 떡 벌어질 만큼 막힘없는 설명에 족제비들은 당황합니다.

족제비들　"어, 저기, 그러니까⋯⋯ 사은품은 됐고, 두더지 귀를 좀 자세히 볼 수 있을까요? 어떻게 작동하는 거죠?"
장사의 달인 두더지　"네, 물론입니다. 이 기계에 무슨 말씀이든 한번 해 보세요."

족제비들 중 한 마리가 두더지 귀를 향해 "안녕하세요."라고 말해 봅니다. 그러자 기계에 달린 모니터에 '안녕하세요.'라는 글씨가 뜨네요.

장사의 달인 두더지　"자, 보세요. 이렇게 목소리를 인식한 다음 문자화해서 모니터에 표시하는 겁니다. 어떻습니까? 대단하지 않습니까?"

장사의 달인 두더지는 그렇게 말했지만, 족제비들은 솔직히 그리 대단하다는 생각이 들지 않았어요.

족제비들　"'안녕하세요.'라고 했으니까 '안녕하세요.'라는 글씨가 뜨는 게 당연한 거 아닌가?"

그 말을 들은 장사의 달인 두더지는 순간 어이없다는 듯 '이래서 풋내기들이란' 하는 표정을 지었다가, 즉시 장사꾼다운 미소를 지으며 받아칩니다.

장사의 달인 두더지 "맞습니다. 다들 처음에는 그렇게 말씀하시죠. 그런데요, 들은 말 그대로를 인식하는 건 사실 꽤 어려운 일이에요. 왜냐? 같은 '안녕하세요.'도 수컷 족제비께서 말씀하시는 것과 암컷 족제비께서 말씀하시는 것은 음 자체가 아주 다르지 않습니까? 저희 두더지가 말하면 또 달라지고요. 말하는 동물의 나이나 목소리, 들리는 음질에 따라서도 다 달라진단 말이죠. 그렇게 다양한 '안녕하세요.'를 동일한 '안녕하세요.'로 알아듣는 건 사실 엄청 대단한 일이에요."

족제비들 "흐~음."

장사의 달인 두더지 "게다가 말이죠, 지금 저희 마을이 아주 떠들썩하지 않습니까? 테마송도 계속 나오고, 바로 저쪽에서 추첨 이벤트를 하느라고 당첨될 때마다 종이 울리기도 하고요. 이런 잡음 속에서 말을 듣고 판별하는 건 어마어마하게 어려운 일이에요. 하지만! 이 '두더지 귀'는 어떤 상황에서든 가장 양질의 결과를 낸다, 이겁니다."

족제비들 "헤~에."

그렇게까지 말해도 족제비들은 그리 감탄하지 않는 눈치입니다. 장사의 달인 두더지가 필사적으로 설명을 이어 가네요.

장사의 달인 두더지 "아, 그럼 아까는 '안녕하세요.'만 하셨으니까, 이번에는 조금 더 긴 문장을 한번 말씀해 보세요."

족제비들 중 한 마리가 "그럼 내가 말해 볼게. 무슨 말을 하지? 좋아, '나는 밥이 좋아, 흰밥.'"이라고 하자 두더지 귀의 모니터에 다음과 같은 표기가 뜹니다.

> 나/ 는바비/ 조아흰/ 밥.
> 나는/ 바비/ 조아/ 흰밥.
> 나는/ 밥이/ 좋아/ 흰밥.

장사의 달인 두더지 "자, 보세요. 똑똑히 알아들었죠! 게다가 단어를 분절해서 찾아내고 맞춤법대로 표기하고 있잖아요. 즉, 어떤 단어로 이야기했는지 알아듣는 겁니다."
족제비들 "흠, 그게 그렇게 대단한 일인가요?"
장사의 달인 두더지 "아, 여러분, 이게 진~짜 진짜~! 어려운 일입니다. 애초에 같은 말소리라고 생각하며 발음하더라도 실제 나오는 소리는 엄청 다르거든요. 정확하게 알아들으려면 그런 차이를 잘 무시해야 돼요. 예를 들면 '밥이'를 맞춤법을 무시하고 '바비'로 쓰면 첫째 'ㅂ'과 둘째 'ㅂ', 그리고 '흰밥'의 받침 'ㅂ'

은 전부 다른 소리거든요."

족제비들 "정말요?"

장사의 달인 두더지 "'바비'의 첫째 'ㅂ'은 성대가 울리지 않는 소리이고, 둘째 'ㅂ'은 성대가 울리는 소리지요. 그래서 영어 화자들은 첫째 'ㅂ'을 'p'로 알아듣고, 둘째 'ㅂ'은 'b'라고 주장합니다. 게다가 '흰밥'처럼, 받침 'ㅂ'으로 발음을 그냥 끝내면 받침 'ㅂ'은 앞의 두 'ㅂ'과 달리 소리 길을 딱 막아 버린 채 끝내 버리기 때문에 이 또한 전혀 다른 소리입니다. 여기 나온 세 'ㅂ'이 전부 같은 소리라고 인식하는 것은 한국어 화자뿐이에요. 그런데 기계는 아무런 조정 작업이 없으면 일단 전부 다른 소리로 받아들이지요."

족제비들이 다시 발음하면서 정신을 집중해 보니, 정말 두더지 말이 맞았어요. 세 가지 'ㅂ'이 모두 소리가 달랐지요.

장사의 달인 두더지 "자, 아시겠습니까? 발음 시스템이 달라요. 그러니까 이것들은 목소리로서 전부 다 다른 거죠. 하지만 우리는 그 차이를 무시하고 모두 'ㅂ'으로 인식하고 있어요. 그게 언어의 묘미인데요, 문제는 기계에도 이걸 알려 줘야 한다는 거예요. 그렇지만 모든 차이를 모조리 무시하게 해선 안 돼요. 예를 들어 'ㅁ'과 'ㅂ' 받침을 혼동하면 안 되잖습니까? 그러면 '나는 바비 좋아'가 아니라 '나는 바미 좋아'가 되니까 전혀 다른 뜻이 되어 버리죠. 무시해야 하는 차이는 무시하되, 무시해서는 안 되는 차이는 무시하지 않는 것, 그 미묘함을 구분하는 게 참 어렵단 말이죠."

족제비들 "흐~음."

장사의 달인 두더지 "그뿐이 아니에요. '좋아'는 실제로 '조아'로 발음하지, '조하'로 발음하지 않잖아요. 그러니까 '좋다'라는 단어는 '조아, 조타, 조코'처럼 때와 장소에 따라 다른 형태로 나타난다는 것도 알게 해야 합니다. 게다가 맞춤법에 맞게 '바비'를 '밥이'로 다시 써야 합니다. 어때요, 이 정도면!"

족제비들 "아하! 대~단하네요."

장사의 달인 두더지 "자, 손님들! 마음껏 더 시험해 보세요! 날이면 날마다 오는 기회가 아니니까요!"

그때, 족제비들 뒤에서 누군가가 말을 걸어왔어요.

"그랴, 족제비 마을에서 왔다고들? 아, 이리 만흔 족제비들이 뭣 하러 왔제?"

족제비들 "앗, 좋지그랴 제비제비야!"

좋지그랴 제비제비는 족제비 마을 출신인 유명 탤런트랍니다. 족제비 마을의 오래된 사투리로 이야기하는 할머니 역할로 인기를 끌어서 각종 이벤트와 텔레비전 프로그램에서 앞다투어 섭외하려고 공들이는 탤런트죠. 본인의 이름을 딴 <좋지그랴 제비제비의 슬그머니 퇴장>이라는 방송 프로그램도 있어요.

장사의 달인 두더지 "좋지그랴 씨, 와 주셔서 감사합니다. 저희 제품 어떠세요? 방송에서 한번 다루어 주실 만하겠습니까?"

좋지그랴 제비제비 "글씨 말이여. 그라고는 싶은디, 쩌으기 좀 고민이 되지 말이네."

장사의 달인 두더지 "이런, 고민이 되신다고요? 왜 고민이 되실까요?"

좋지그랴 제비제비 "아 글씨, 댁네 기계가 나가 뭐라 씨부리는지 영 알아듣질 모더잖여."

장사의 달인 두더지가 고개를 갸우뚱하는 모습을 본 족제비들은 "댁네 기계가 내가 하는 말이 무슨 말인지 전혀 못 알아듣잖아"라는 뜻이라고 가르쳐 줍니다.

장사의 달인 두더지 "그러니까 저희 기계에 문제가 있다는 말씀이신가요?"

좋지그랴 제비제비 "자, 이자부터 해 볼 텡게, 좀 봐 봐, 그라믄."

좋지그랴 제비제비는 '두더지 귀'를 향해 말하기 시작했어요.

좋지그랴 제비제비 "여봐, 기계! 뭣을 해잡고 있자? 영 멍청해그랴! 농띠 부리는 거 아이냐 니!"(표준어 해석: 이봐, 기계! 뭐 하는 거지? 멍청하네! 너 게으름 피우는 것 아니니?)

그러자 두더지 귀 모니터에 다음과 같은 글씨가 표시됩니다.

 여봐, 기계. 뭐슬 해 잡고 잊자. 영멍 청해 그랴.
놈 띠부 리는 거아이냐니.

족제비들 "우와, 인식 못 하네."

초조해진 장사의 달인 두더지가 설명을 시작하네요.

장사의 달인 두더지 "아뇨, 아니요. 기다려 보세요. 여기엔 말이죠, 다 이유가 있어요. 이 두더지 귀는 말입니다, 솔직히 말하면 이야기된 목소리를 문자 단위, 정확하게는 단어 단위로 바꾸는 기계예요. 그리고 어떤 단어를 인식 대상으로 삼을지 여부는 미리 정해져 있죠. 그러니까 완전히 자유롭지는 않다는 말씀이에요. 아쉽게도 아직 족제비 마을 방언 단어들은 두더지 귀의 인식 대상에 포함되어 있지 않아서 인식을 못 하는 거고요."

족제비들 "그~래요?"

장사의 달인 두더지 "네, 그래요. 이 부분은 저희가 두더지 귀를 어떤 방식으로 만든 건지 말씀드리지 않으면 납득하기 힘드실 수 있겠군요.

아주아주 쉽게 설명해 보죠. 우선 우리는 우리의 말을 이루는 각각의 소리에 대응하는 실제 목소리를 수집했어요. 아까 말씀드렸다시피 우리가 같은 음이라고 생각하는 음도 실제로는 다양한 목소리로 대응되기 때문에, 각각의 음에 대응하는 목소리를 되도록 많이 모아서 기계에 학습시킨 겁니다. 학습이 잘 진행된 두더지 귀는 처음 듣는 목소리가 어느 음에 가까운지를 판단할 수 있게 되어 '연속되는 목소리'를 '말을 나타내는 음의 연속'으로 변환할 수 있게 되죠.

그런데 이게 끝이 아니에요. 그렇게 해서 얻어진 '음의 연속'이 어떠한 '단어 단위'에 대응하는지를 가려내야 하는 거죠. 그러기 위해 우리는 두더지 귀에 미리 인식 대상인 단어를 전부 학습시켜 두었어요. '나', '두더지' 같은 명사는 물론 '걷다', '만나다' 같은 동사와 동사의 활용형, 그리고 '이/가', '을/를', '은/

는' 같은 조사, '-(게) 되다', '-(지) 않다', '-(은) 듯하다', '-(을) 듯하다', '-(어) 있다', '-(고) 있다' 같은 보조동사 표현도 전부 가르쳤죠."

족제비들 "호~오. '이/가'나 '은/는' 같은 것까지 다요? 엄청 귀찮았겠는데."

장사의 달인 두더지 "네. 아주아주 고된 작업이었죠. 하지만 말입니다, 그렇게까지 했어도 '말을 이해하는 기계'는 아직 만들지 못했어요. 실제 '이해'에는 수많은 가능성이 발생하는 만큼, 단어만 전부 학습한 정도로는 기계도 헤매고 마는 거죠. 예를 들어서 제가 "내가 족제비들을 만났을 때"라고 말했다고 해 보죠. 저는 '내가 족제비들을 만났을 때'라는 말을 하고 싶었던 건데, 기계에서 여기에 대응하는 단어 단위를 검색하면

내 가족 제비들을 만나 쓸데
내가 족제비들을 맞나 쓸 테

이렇게 이상한 것들이 많이 나와 버린단 말이죠. 그래서 이걸 방지하기 위해 사전에 기계에 많은 문장을 보여 주고, 어떤 단어 뒤에 어떤 단어가 잘 오는지를 학습시켜 뒀습니다. 그렇게 해서 위의 이상한 예들보다는 '내가 족제비들을 만났을 때'를 더 적절한 답으로 고를 수 있게 됐지요.

자, 그럼 좋지그랴 씨 이야기로 돌아가죠. 아직 방언의 단어

는 인식 대상에 넣지 않았기 때문에 족제비 마을의 옛 방언에서는 어떤 단어 뒤에 어떤 단어가 올 확률이 높은지 같은 것들을 두더지 귀에게 가르친 적이 없어요. 그래서 방언은 알아듣지 못하는 거죠."

족제비들 "헤에, 그럼 사투리도 그 인식 대상에 넣으면 좋겠다. 그러면 알아들을 수 있게 된다는 얘기죠?"

장사의 달인 두더지 "아니요, 그게 그렇게 간단한 문제는 아닙니다."

족제비들 "왜요? 이해 대상 단어를 늘려서 어느 단어 뒤에 어느 단어가 많이 오는지만 가르치면 되는 거 아니에요?"

장사의 달인 두더지 "'늘리기만 하면 되잖아, 가르치기만 하면 되잖아' 하고 쉽게들 말씀하시죠. 그런데 조금만 더 생각해 보세요. 아까 제 설명으로 이해되셨는지 모르겠지만, 두더지 귀가 하는 일은 자기가 아는 단어 중에서 '들려온 음의 연속'에 가장 비슷한 단어를 찾는 일입니다. 즉 유사 단어 검색, 이른바 '패턴 대응'이란 말입니다. 그때 후보가 되는 단어의 수가 적다면 적은 선택지 중에서 재빨리 찾아낼 수 있지만, 반대로 단어의 수가 많으면 많을수록 어려워집니다.

예를 들어 볼까요? 여러분이 빨간 사과를 건네받았다고 가정해 보세요. 그때 누가 일곱 색깔 색연필을 주면서 '이 중에서 이 사과랑 가장 가까운 색을 찾아 사과 그림을 그리시오.'라고 한다면 아마 금세 해내실 수 있을 겁니다. 하지만 총 100가지

색깔 색연필 중에서 가장 가까운 색을 찾으라고 하면 좀 더 어려워지겠죠? 더 나아가 몇천, 몇만 가지 색 중에서 골라야 하는 상황이 온다면 아마 두 손 두 발 다 들어 버리게 될 겁니다."

족제비들 "흐~음. 그럴지도 모르겠네요."

장사의 달인 두더지 "이제 이해하시겠습니까? 알아듣는 대상 단어를 늘린다는 건 그것과 비슷한 겁니다. 그러니까 방언 단어를 새로 추가하는 일은 그리 쉬운 일이 아니에요.

게다가 방언의 경우는 표준어에 비해 실제 말소리나 글로 적힌 문장을 수집하기가 어렵단 말이죠. 목소리와 문장을 대량으로 모으지 않고서는 기계 학습이 잘 진행되지 않거든요. 이 점은 대단히 고민스러운 부분입니다.

그러나 이런 상황에서도 두더지 귀는 어쨌거나 좋지그랴 씨가 하신 말씀을 문장 단위로 변환해 냈잖습니까? 비록 내용이 틀리긴 했지만 이건 기계가 자기가 알고 있는 표준어 단어들의 지식을 이용해서 '들려온 목소리'와 가장 가까운 단어를 도출해 낸 결과죠. 이것도 어떤 의미에서는 학습 결과라고 보실 수 있을 겁니다."

아까부터 두더지가 자꾸 "기계가 학습한다"라는 말을 하네요. 족제비들은 로봇이 머리에 '합격'이라고 적힌 머리띠를 두르고 노트와 연필로 공부하는 모습을 떠올립니다.

족제비들 "기계가 학습할 수 있다니 대단하네요. 저기, 그럼 두더지 귀는 됐고 방금 말한 그 학습할 줄 아는 기계를 보여 줘요. 그런 걸 할 줄 아는 기계가 있으면 일부러 '귀'만 살 필요가 없으니까, 안 그래요?"

장사의 달인 두더지 "저, 손님들……. 그러니까 학습이 가능하다는 말은 그런 뜻이 아닙니다. 아, 흐음. 목소리라는 건 물리적으로는 소리의 파장이 연속된 것인데요, 여기서 학습이란 건 그 파장의 특징을 추출해서 그게 정확한 음에 대응 가능하도록 계산하는……."

장사의 달인 두더지가 어려운 이야기를 필사적으로 설명했지만, 족제비들은 전혀 이해하지 못했어요. 심지어 점점 듣는 것조차 힘들어지기 시작해서, 개중에는 선 채로 잠이 든 족제비도 있었어요. 손님들 사이에서 코 고는 소리가 들린 순간, 장사의 달인 두더지는 결국 설명을 멈추었답니다. 기운이 쭉 빠져 버린 두더지가 족제비들에게 묻습니다.

장사의 달인 두더지 "……음, 손님 여러분~ 그런데 어쩌다가 두더지 귀에 관심을 갖게 되셨나요?"

족제비들 "우린 뭐든지 다 알고 뭐든지 다 할 줄 아는 로봇을 만들 거예요. 그러려면 우선 말을 이해해야 하니까 귀가 필요했거든요."

족제비들은 자랑스럽게 대답했어요. 이처럼 대단한 로봇을 만들 계획을 갖고 있다는 얘기를 들으면 장사의 달인 두더지는 어떻게 반응할까 궁금했지요. 그런데 장사의 달인 두더지가 이렇게 답하는 게 아니겠어요?

장사의 달인 두더지 "말을 알아듣는 로봇 말씀이시군요. 그거라면 벌써 있는 것 같던데요."
족제비들 "에에?!"
장사의 달인 두더지 "카멜레온 마을에서 그런 로봇을 만들었다고 하더군요. 물론 거기에도 저희 '두더지 귀'가 사용되었죠."
족제비들 "에에엑!"

모든 소리가 아니라 의미 소통에 기여하는 소리만 구분하기:
음성과 음소

말을 이해한다는 일이 어떤 것인지를 생각하기에 앞서, 먼저 그 가장 첫 단계인 '구어(입말)를 알아듣는 일'에 대해 함께 생각해 보고자 합니다.

우리 인간이나 기계가 말을 듣고 이해할 때 반드시 이루어져야 하는 일이 바로 발음된 각각의 '음성'을 '음소(音素)'로 연결하는 일입니다.

소리, 즉 음(音)이란 사물이 진동하면서 발생하는 물리적 파장입니다. 우리 귀에 들리는 소리는 모두 그런 물리적인 음입니다. 그중에서도 말뜻을 담고 있는 소리를 특별히 '음성'이라고 부릅니다. 그리고 '음소'란 다양한 소리 중에서도 말뜻을 구별해 주는 기능을 발휘하는 제일 작은 음을 말합니다. 우리가 마음속에서 '말뜻에 차이가 없다. 같은 소리다.', '말뜻이 달라진다. 다른 소리다.'라고 느끼게 만들어 주는 요소이지요. 그래서 음소란 물리적인 음이 아닌 추상적인 음의 단위입니다.

앞서 장사의 달인 두더지 이야기에서도 나왔던 것처럼, 화자가 같은 음이라고 생각해서 발음할 때도 실제로 나오는 음성에는 다양한 변형이 있습니다. 장사의 달인 두더지는 화자가 'ㅂ'이라고 받아들이는 소리 중에도 몇 가지 다른 발음 방식이 있으며, 결과적으로 다른 음성이 있다는 점을 지적했습니다. 한국어 화자는 'ㅂ'의 세 가지 다른 소리를 한 소리로 인식합니다. 뜻을 구별하는 데에는 아무 지장이 없기 때문입니다.

다른 예도 들어 볼까요? 예컨대 한국어 단어 '가곡'이라는 말에는 'ㄱ'이 세 개나 들어 있습니다. 이 소리를 녹음하고 파장을 분석해 보면, 세 개의 'ㄱ'이 모두 다릅니다. 눈을 감고 가만히 발음해 보세요. 첫 번째 'ㄱ'을 발음할 때는 입천장 안쪽과 혀 뒷부분이 붙었다 떼어지는 순간 숨 덩어리가 나오게 됩니다. 계속 천천히 발음하면 두 번째 'ㄱ', 즉 '곡'의 첫소리 'ㄱ'은 '가'의 'ㄱ'과 다르다는 것을 느낄 수 있습니다. 즉 목울대(성대)가 계속 울리는 상태에서 부드럽게 발음됩니다. 이 소리는 영어의 'g'와 거의 같습니다. 손가락을 목청 주변에 가만히 대고 있으면 더 쉽게 느낄 수 있습니다. 그리고 마지막 'ㄱ'인 받침 'ㄱ'은 '가곡' 하고 발음을 끝내면 목이 확 막혀 버린 상태에서 끝나기 때문에 앞의 두 'ㄱ'과 다를 것입니다. 이처럼 세 개의 'ㄱ'이 모두 다르지만 한국어를 모어로 구사하는 사람은 '가곡'을 발음할 때 나오는 세 가지 'ㄱ'을 모두 같은 소리로 인식합니다. 왜 그럴까요? 서로 바꿔 발음해도 뜻에 아무런 차이를 일으키지 않기 때문입니다. 가령 첫 'ㄱ'을 영어의 'g'처럼 목울대를 울리면서 발음해도 한국어 화자들은 그냥 '가곡'으로 알아듣습니다. 그러므로 '가곡'을 발음할 때 세 가지 'ㄱ'은 뜻의 차이를 일으키지 않는 같은 소리, 즉 한 음소인 것입니다.

이런 발음 방식에 따른 음성의 차이는 문장이나 단어 중에 어느 위치에 있는지에 따라서 생겨나지만, 우리는 무의식중에 그 차이를 무시하고 같은 종류의 소리로 간주합니다. 즉, 그 음성들을 같은 카테고리(동종들의 집합) 안에 넣고 각 카테고리에 'ㄱ'이나 'ㅂ'이라는 이름표를 붙이는 것입니다. 그렇게 '같은 종류로 간주된 음성의 카테고리'가 바로 음소인 것이지요. 반면에 기계는 처음에는 이 세 가지 소리가 그냥 다른 소리라고 기록할 뿐입니다.

그러므로 기계가 사람의 말을 알아듣게 하려면, 발음은 다르지만 같은 음소 그룹에 넣어도 되는 음성과 다른 음소 그룹에 넣어야 하는 음성을 구별해 주어야 합니다. 한 단어의 음을 알아듣기 위해서는 그 단어에 적용된 '음성의 카테고리화 시스템'을 이해하고 귀에 들려오는 각각의 음, 사실은 음질이나 발음에 따라 하나하나 다른 음성을 '카테고리(음소)'에 연결할 수 있어야 합니다.

컴퓨터는 '0'과 '1'만 다룰 줄 안다:
기계의 음성 인식과 학습

기계가 사람 말을 듣고 이해하는 기술 중 대표적인 것이 음성 인식 기술입니다. 이것은 입력된 음성을 '문자열'이나 '단어 열'로 바꾸는 기술입니다. 앞선 에피소드에서 장사의 달인 두더지가 보여 준 것처럼 음성을 입력하면 "나는 밥이 좋아, 흰밥."과 같이 올바른 문자열(단어 열)을 출력해 내는 일이 이 기술의 목표입니다. 기계는 어떻게 이런 일을 할까요? 이를 이해하려면 먼저 컴퓨터에게 소리란 무엇인지를 알 필요가 있습니다.

우리가 잘 알고 있는 컴퓨터는 기본적으로 숫자를 다루는 기계입니다. 요즘 컴퓨터는 문자나 이미지, 동영상 등도 다룰 줄 알기 때문에 이른바 계산기와는 제법 거리가 멀어 보입니다. 하지만 실제로 컴퓨터가 조작하는 것은 '숫자', 보다 정확히 말하면 '숫자로 변환 가능한 전기 신호'입니다. 우리가 평소 쓰는 숫자는 '54'나 '137'처럼 십진법으로 표시되지만, 컴퓨터가 사용하는 이진법이라는 방법을 쓰면 '110110'이나 '10001001'처럼 숫자 1과 0만으로 모든 수를 표시할 수 있습니다. 여기에 전류의 on/off나 전압의 높고 낮음 등을 대응시키면 전기 신호로 나타내 보일 수 있습니다. 우리가 컴퓨터에서 다루는 문자나 이미지, 동영상 등은 컴퓨터 내부에서 이렇게 숫자로 표현되고 있습니다.

앞서 소리란 진동으로 생겨나는 파장이라고 설명했지요? 기계는 말소리를 입력하면 해당 소리가 가진 파장의 특징을 '숫자의 조합'으로 나타냅니다. 그래야만 말소리를 컴퓨터에서 다룰 수 있기 때문입니다.

숫자로 표현된 음성을 기계가 적절한 음소에 연결할 수 있도록 하는 기술 중에 대표적인 것이 바로 기계 학습(machine learning)입니다. '학습'이라고 하면 많은 분이 학교에서 선생님의 수업을 받거나, 책상에 앉아 문제집을 풀며 공부하는 모습을 떠올리실 겁니다. 그러나 기계가 하는 공부는 그러한 상상 속 모습과는 상당히 다릅니다.

우선 기계 학습의 목적은 간단히 말하면 '함수를 구하는 일'입니다. 여기서 말하는 함수는 여러분이 수학 시간에 배운 그 함수와 같은 함수입니다. 아마도 많은 분이 좌표 위에 그려진 직선과 곡선, $y=f(x)$와 같은 수식을 떠올리실 텐데, 함수에서 중요한 것은 '수를 입력하면 수 하나를 출력하는 일'입니다. 수식 $y=f(x)$에서 x는 '입력되는 수', y는 '출력되는 수'를 나타냅니다.

함수를 구하는 일과 지금 다루는 주제인 '음성을 음소로 연결하는 일'의 연관성은 어떻게 찾을 수 있을까요? 그 열쇠는 앞서 설명했던 다양한 데이터를 숫자로 표현하는 데 있습니다. 음성과 음소를 숫자로 표현하면 '음성을 음소로 연결하는 일'은 '음성(을 나타내는 숫자)을 입력하면 그에 대응하는 음소(를 나타내는 숫자)를 출력하는 함수를 구하는 일'로 치환할 수 있습니다. 즉 x라는 음성을 입력하면 y라는 음소를 바르게 출력하는 $y=f(x)$ 함수를

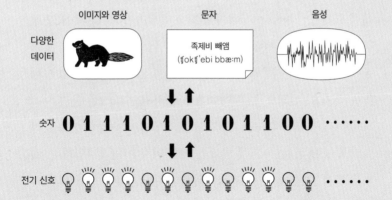

구할 수 있게 되지요.

그럼 어떻게 기계 학습을 통해 그런 함수가 구해질까요? 여기에서는 기계에 주어지는 학습 데이터(training data)를 단서로 들 수있습니다. 음성을 음소로 연결하는 과제를 예로 들어 볼까요? 학습 데이터란 해당 음성 예제에 연결되어야 할 음소의 정보를 붙인 자료를 말합니다. 달리 말하면 "이 음성은 어떤 음소에 연결해야 할까?"라는 '예제'에 "이 음소입니다."라는 '정답'을 붙인 자료라고 볼 수 있겠지요. 기계는 이렇게 '정답이 붙은 예제'를 받아 옳은 답을 내기 위한 함수를 도출합니다.[1] 기계 학습이 잘 이루어지면 처음 보는 문제 중 정답이 첨부되지 않은 문제에도 높은 확률로 옳은 답을 내는 함수를 얻을 수 있게 됩니다.

기계 학습으로 함수를 구할 때는 종종 확률이나 통계를 사용합니다. 우리도 평소에 "A학원 모의고사에서 300점 넘게 받으면 C 대학 합격률이 60% 이상이라고 봐도 돼."라거나 "E 바이러스에 감염된 지 24시간 이내에 이 약을 먹으면 일주일 안에 발병할 확률이 30% 낮아진다."와 같이 과거 사례의 통계 자료에 기초한 예측을 하지요. 신뢰도 높은 예측을 도출하려면 이러한 과거 사례의 수가 충분해야 하고, 그 사례들의 집합이 너무 한쪽으로 쏠려 있지 않아야 합니다. 기계 학습을 시킬 때도 마찬가지입니다. 질 좋은 예제, 즉 질 좋은 학습 데이터를 얼마나 갖출 수 있느냐에 따라서 결과가 크게 좌우됩니다.

음성 인식은 음성 열을 음소 열로 바꾸는 데에서 끝나지 않습니다. 한 발 더 나아가 음소 열을 문자나 단어 열로 바꾸어 줄 필요가 있습니다. 하지만 이것도 결코 간단한 일이 아닙니다.

/ㅈㅗㄱㅉㅔㅂㅣ/(족제비)라는 음소 열이 도출되었다고 가정해 봅시다. 짧은 단어임에도 여기에 대응하는 단어의 예는 많습니다.

족쩨 비 / 족 쩨비 / 족쩨 비 /

족 쩹이 / 족째 비 ……

이 후보들 중에서 '족쩨비'를 선택한 후, 최종적으로는 맞춤법까지 고려해서 '족제비'를 내놓을 수 있어야 합니다. 위의 후보들 가운데에는 우리가 보기에 "아무리 그래도 저건 아니지"싶은 것도 있습니다. 하지만 아무것도 학습시키지 않으면 기계는 위의

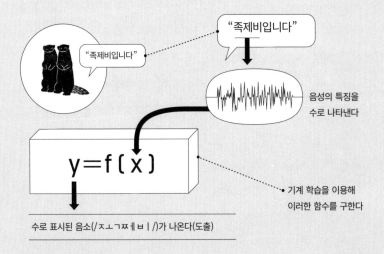

"족제비입니다"

"족제비입니다"

음성의 특징을
수로 나타낸다

$$y = f(x)$$

기계 학습을 이용해
이러한 함수를 구한다

수로 표시된 음소(/ㅈㅗㄱㅉㅔㅂㅣ/)가 나온다(도출)

후보들 중 어떤 것을 골라야 할지 알지 못합니다. 게다가 하다못
해 /ㅈㅗㄱㅉㅔㅂㅣ/(족제비)라는 짧은 음소 열에도 이렇게 많은
'대응 단어' 후보가 있는데, 더욱 긴 음소 열에는 더 방대한 양의
후보 단어들이 나타날 것임은 불 보듯 뻔한 일이겠지요.

이 문제를 해결하기 위해 대표적으로 두 가지 방법이 사용됩니다.

① 듣기용 대상 단어를 한정하기
② 기계에 어느 단어 다음에 어느 단어가 자주 오는지의 지식
을 제공하기

이렇게 해서 음소 열에 대응하는 단어 열의 후보가 지나치게

늘어나는 일을 방지하고, 듣기의 결과로 보다 적절한 단어 열을 골라낼 수 있도록 만듭니다. 기계가 ②의 지식을 습득할 때에도 기계 학습이 널리 사용됩니다. 이때의 학습 목적은 '단어+단어+단어……', 즉 단어의 연속이 주어지면, 그 연속이 나타날 확률을 도출하는 것입니다. 이 학습에도 대량의 예제가 필요합니다.

최근 음성 인식 기술이 발달하는 데는 심층 학습 등 한층 더 발전한 기계 학습 방식이 확립된 점과 대량의 예제, 즉 학습 데이터 활용이 가능해진 점이 바탕이 되었습니다. 하지만 그렇다고 해서 어떤 용도로나 쓸 수 있는 완벽한 음성 인식 시스템이 완성된 것은 아닙니다.

현재 음성 인식 기술의 성능은 기본적으로 외국어 (고급) 사용자의 수준을 벗어나지 못했으며, 모국어 사용자만큼의 듣기 능력을 실현해 내기에는 더 큰 폭의 진화가 필요하다는 의견도 있습니다.[2] 현재는 듣기의 대상이 되는 단어의 범위를 축소하고, 필요한 데이터를 더욱 효과적으로 모을 수 있도록 기술이 사용되는 곳과 분야를 한정하려는 노력이 이어지고 있습니다. 기술을 보다 실용적으로 사용하기 위한 선택과 집중인 셈이지요.

아이들은 어떻게 말을 알아들을까:

인간의 듣기 능력 습득 과정

여기까지 읽으신 여러분 중에는 기계가 우리와 닮은 구석이 있다고 느끼신 분도 계시지 않을까 싶습니다. 우리 역시도 잘 모르는 분야의 이야기를 들을 때는 "지금 들리는 말이 무슨 말인지 도통 모르겠군." 하고 느끼는 적이 있습니다. 또한 잘 아는 말도 대화의 주제나 목적을 착각하면 잘못 알아들을 때가 있습니다. 상대방은 저녁 식사 이야기를 하는데 나는 간식 이야기라고 생각해 버리는 것이죠. 또 많은 분이 외국어를 들을 때 외국어 단어를 잘 아는 국어로 '끌어와서' 들었던 경험도 있지 않으실까요?(남아프리카어로 노래하는 유명 애니메이션 <라이온 킹>의 주제가 가사 중 'Nants ingonyama ma baki thi Baba(저기 사자가 옵니다, 아버지)'가 자연스럽게 '나~주 평야~ 발바리 치와와'로 들렸던 경험 같은 것 말입니다) 이런 경험을 떠올리면 기계의 고충이 이해가 되기도 합니다.

그러나 우리가 아기 때 '말 듣기'를 배우는 과정을 생각해 보면, 기계가 음성 인식 학습을 하는 과정과는 꽤 다른 것을 알 수 있습니다. 사람과 기계의 학습을 단순 비교할 수는 없겠지만, 인간이 무의식적으로 학습하는 특징을 꼽아 보기 위해서 이마이 무츠미의 책 《언어 발달의 수수께끼를 풀다》[3]에 소개된 아기의 듣기 학습 과정을 함께 살펴보고자 합니다. 아기의 언어 습득 과정과 현재 음성 인식 시스템을 비교해 가며 살펴봅시다.

태어난 지 얼마 되지 않은 아기는 어른보다 훨씬 섬세하게 다양한 소리를 구별해 냅니다. 예를 들어 일본어를 모국어로 써 온 성인은 영어의 'r'과 'l'의 발음 차이를 잘 구별해서 듣지 못하지만[*], 아기 때는 이 두 발음의 차이를 문제없이 구별해 낸다는 실험 결과가 보고되었습니다. 그러나 일본어로 이야기하는 환경에서 자랄 경우, 6~8개월 사이에 그 차이를 구별해서 듣지 못하게 된다고 합니다. 조금 아쉽게 느껴지지만, 이 과정을 통해 아기가 '모국어인 일본어에서는 무시해도 되는 음성의 차이'를 이해하고 일본어를 이해하는 데 필요한 '음성의 카테고리화', 즉 '음성을 음소로 연결하기' 단계를 배우고 있다는 것을 보여 줍니다.

아기는 어떤 방식으로 '음성의 카테고리화'를 배울까요? 이마이 무츠미에 따르면 아기는 일단 단어를 구획 짓는 방법부터 배우는데, 그때 이용되는 것이 리듬과 억양이라고 합니다. 아기는 엄마 배 속에 있을 때부터 엄마나 주위 어른들이 이야기하는 말의 리듬과 억양을 배우고, 자신이 배운 것들을 단어를 구획 짓는 데 이용합니다. 그런 방법으로 아는 단어를 늘려 가고, 단어들 속에서 나타나는 음성의 패턴을 분석합니다. 예를 들면 '이 음성은 음의 연속 안에서 이런 경우에만 나타난다'라는 것을 이해한 다음 음성의 카테고리화, 즉 음소 학습을 이어 가는 겁니다.

---

[*] r과 l 발음을 구별하지 못하는 것은 한국어 화자도 마찬가지이다. 의사소통에서 별로 필요가 없는 한 개의 음소이기 때문이다.

이때 위에서 이야기했던 기계의 음성 인식 방식과의 차이를 볼 수 있는데, 우리는 특히 아기에게는 정답이 주어지지 않는다는 점에 주목해야 합니다. 기계에는 음성에 대응시킬 음소가 몇 종류나 있는지와 같은 사전 정보가 주어집니다. 그 사전 정보를 바탕으로 음성과 음소를 상호 대응시키는 학습을 하는 것이지요. 그러나 인간 아기는 다릅니다. 들려오는 음성에 어떤 음소를 대응시켜야 하는지를 처음부터 알고 있지는 못합니다. 주변 어른들이 일찍부터 "이 음성과 이 음성은 서로 다른 거야."라거나 "이 음성과 이 음성은 같다고 볼 수 있지." 등을 가르쳐 주지도 않습니다.

또 기계는 사전에 인간으로부터 제공받은 '듣기 대상 단어의 정보'를 모두 갖고 있습니다. 이에 따라 어떠한 단어 열이 자주 등장하는지를 학습하기가 수월하지요. 하지만 아기는 너무나 당연하게도, 자기가 알아들어야 하는 단어를 처음부터 다 알지 못합니다. 아기에게는 기계에게 제공되는 것처럼 '수십 년간 신문에 실린 양만큼의 문장'이 미리 제공되지도 않습니다. 오히려 단어 학습과 병행해서 학습한 몇 안 되는 단어들에서 들리는 음성을 분석해서 음소를 배우는 셈입니다. 또한 그 음성 분석('이 음성은 단어 마지막에만 나타난다' 따위)을 통해서 리듬이나 억양만으로는 알 수 없는 '낱말 나누기'를 배우고, 나아가 그것을 새로운 단어 학습에 이용합니다. 즉 음성 분석 및 음소 학습과 단어 학습을 동시에 진행하고, 이 두 가지 학습을 교차 활용한다고 볼 수 있습니다. 이처럼 아기는 무의식적으로 아무에게도 배운 적 없는 고도의 학습을 해냅니다.

꼭 인간과
똑같아야 할까?

인간의 언어 능력을 기계에서 재현하려 할 때, 인간의 이러한 무의식적 능력이 종종 문제를 어렵게 만들기도 합니다. 언어학 혹은 그 관련 분야는 바로 이 '무의식적 능력'을 과학적으로 이해하는 일을 목표로 삼고 있는데, 충분히 이해할 수 있게 되기까지는 아직도 더 많은 시간이 필요할 겁니다.

현재 기계의 언어 능력을 인간의 언어 능력에 최대한 가까워지도록 만들기 위해 다양한 방법이 시도되고 있습니다. 그중 대량의 데이터를 활용한 기계 학습 방식이 주류를 이루고 있지요. 위에서 살펴본 음성 인식을 하는 기계의 예도 그중 하나입니다. 인간의 언어 능력과 그 습득 방식이 완벽하게 이해되지 않는 이상은 이러한 시도가 조금 짓궂게 말하면 '잘 모르는 일을 잘 모르는 채로, 그저 표면적으로만 흉내 내려고 하는 시도'라고 말할 수도 있을 것입니다. 그렇다고 해도 그런 기계에게 말을 이해 못 한다고 잘라 말할 수 있을까요? 방식이 불완전한 것은 둘째 치더라도, 기계가 사람의 언어 능력을 충분히 재현해 냈다면 어떤 의미에서는 말을 이해한다고 생각할 수 있는 것이 아닐까요? 다음 장에서는 이 점에 대해 함께 생각해 봅시다.

2장

카멜레온 마을에 대화하는 로봇이 있대!

대화를 나누는 능력

카멜레온 마을에서 말을 알아듣는 기계를 만들었다는 소식을 들은 족제비들은 서둘러 카멜레온 마을로 향했어요. 마을에 도착하니 길게 줄을 선 카멜레온 무리가 보이네요. 족제비들은 그중 한 카멜레온에게 물었어요. 'I ♡ 레온'이라는 문구가 적힌 티셔츠를 입고 있는 카멜레온이었죠.

족제비들 "저기, 이게 무슨 줄이에요?"

티셔츠를 입은 카멜레온 "아, 깜짝이야. 뭐야, 갑자기. 어, 너희는 족제비잖아? 족제비가 우리 마을엔 무슨 일이지? 혹시 너희도 '레온'이랑 이야기하고 싶어서 온 거야? 그럼 맨 뒤로 가서 줄부터 서."

족제비들 "레온?"

티셔츠를 입은 카멜레온 "줄 맨 앞으로 가 보면 알아."

족제비들이 긴 줄의 맨 앞까지 가 보니 두 마리의 카멜레온이 쓰러진 나무 위에 나란히 앉아 사이좋게 대화를 나누고 있답니다. 교복을 입은 카멜레온 여학생이 옆에 앉은 카멜레온에게 이렇게 말하네요.

카멜레온 여학생 "레온은 있잖아, 좋아하는 여자 있어?"

레온 "어~? 글쎄~에, 말하기 싫은~데."

카멜레온 여학생 "왜, 어때서. 가르쳐 줘."

레온 "상상에 맡길게 ♪."

카멜레온 여학생 "어머, 우리 친구 아니었니? 나빠~."

레온 "에헷."

족제비들은 불쑥 말을 끊고 대화에 끼어들었어요.

족제비들 "미안한데 지금 뭐 하는 거예요? 이 카멜레온이 레온인가요?"

카멜레온 여학생 "아, 저기요. 너희 뭔데? 방해하지 말라고."

카멜레온 여학생이 누가 보아도 알 수 있을 만큼 명백히 짜증

을 냅니다. 그때 레온이 이렇게 말했어요.

레온 "미안~."

카멜레온 여학생 "레온은 아무 잘못 없어. 아이참, 이렇게 착하다니까."

레온 "오케이."

족제비들이 아직도 가지 않은 걸 본 카멜레온 여학생이 이번에는 호통을 치네요.

카멜레온 여학생 "저기요, 빨리 다른 데로 좀 가라고요. 학교 끝나고도 한참을 줄 서서 기다리다가 겨우 레온이랑 이야기하는 중인데. 아, 진짜, 짜증 나게~."

레온 "히잉. 혼났다~."

카멜레온 여학생 "아냐, 레온한테 한 말 아니라니까."

레온 "오?"

카멜레온 여학생 "저기요. 아, 진짜, 누가 이 족제비들 좀 다른 데로 데리고 가요!"

레온 "어~? 나랑 어딜 같이 가고 싶다고~?"

카멜레온 여학생 "아니, 그러니까 레온…… 내 말은 그게 아니라……."

둘의 대화는 계속 이어졌어요. 하지만 족제비들은 여전히 거기에 서 있었죠. 그때, 갑자기 주변 풍경이 뭉그러지는 것 같더니 대규모 카멜레온 무리가 모습을 드러냈어요. 무리는 족제비들을 둘러싸고 강압적인 분위기를 풍기며 멀리까지 몰고 갔죠.

카멜레온 무리 "정말 믿을 수 없을 만큼 매너가 없는 녀석들이군. 대체 뭐 하러 온 거지?"

족제비들 "우린 그냥 말을 알아듣는 로봇이 있다고 해서 보러 온 건데……."

카멜레온 무리 "말을 알아듣는 로봇? 아아, 레온 말이군. 너희가 아까 본 레온이 바로 말을 알아듣는 로봇이야."

족제비들 "에엥?! 그게 로봇이었다고?"

카멜레온 무리 "그래, 우리 마을에서 개발한 로봇이야. 요즘 남들과 대화를 잘 하지 못하는 카멜레온 젊은이들이 많아져서 말이지. 남들 눈에 띄는 게 두렵다고 평소에도 투명하게 모습을 감출 정도이니 마을이 점점 쇠퇴해서 낭패였거든. 그래서 시험 삼아 대화할 줄 아는 로봇을 만들어 봤는데 암컷, 수컷 할 것 없이 인기가 엄청나. 젊은이들에게 활기까지 생겨서 아주 효과 만점이야."

족제비들은 그 이야기를 듣고 충격을 받았어요. 족제비들은 카멜레온을 제 모습을 숨기는 것 외에는 아무 능력도 없는 동물이라고 여겨 왔기 때문이에요. 그런데 족제비들이 하려는 일을 카멜레온들이 먼저 해 버렸다니, 상상도 하지 못한 일이었답니다. 카멜레온들은 동요하는 족제비들을 아랑곳도 않고 이야기를 계속했죠.

카멜레온 무리 "우리가 개발한 로봇은 레온 말고도 또 있어. 레온은 젊은이들을 대상으로 한 로봇이고, 중년을 대상으로 건강 상담을 해 주는 로봇도 만들었지. 중장년층 카멜레온들도 그 로봇에 100% 만족하고 있어."

족제비들 "건강 상담이라고?!"

카멜레온 무리 "뭐, 궁금하면 한번 볼래? 레온을 만나려면 저렇게 긴 줄을 서야 하지만, 이 시간대에 건강 상담 로봇은 비교적 여유롭게 볼 수 있어. 이른 아침부터 낮 시간대까지는 엄청나게 붐비지만 말이야."

족제비들은 곧바로 건강 상담 로봇을 보러 갑니다. 로봇의 이름은 파랑, 초록, 빨강의 머리글자를 딴 '파초빨 수염 선생'이라고 하는군요. 파초빨 수염 선생은 족제비들이 다가가자 먼저 말을 걸었어요.

파초빨 수염 선생 "안녕하세요. 어떻게 오셨습니까?"

다들 당황하는 와중에 농부 족제비가 상담받으러 온 척을 해 보기로 합니다.

농부 족제비 "음, 제가 그러니까, 요즘 식욕이 없습니다."

파초빨 수염 선생 "허허, 요즘 식욕이 없다……고요. 그리고요?"

농부 족제비 "잠을 잘 못 자요."

파초빨 수염 선생 "잠을 잘 못 잔다……고요. 뭐 짐작 가는 원인이 있습니까?"

농부 족제비 "스트레스가 쌓여서일까요?"

파초빨 수염 선생 "스트레스는 잘 풀어야지요."

농부 족제비 "그야 알지만, 이것저것 일이 많다 보니 말입니다."

파초빨 수염 선생 "구체적인 예를 들어 주시겠습니까?"

농부 족제비 "음, 그러니까, 저는 얼마 전에 이직을 했는데요."

파초빨 수염 선생 "호오, 얼마 전에 이직을요."

농부 족제비 "저는 밭일을 해요. 한번 취직한 뒤로 내내 같은 농장에서 일했었는데, 얼마 전에 구인 공고를 보고 조건이 더 좋아 보이는 농장으로 이직했어요."

파초빨 수염 선생 "흠, 그래서요?"

농부 족제비 "그랬는데 그 이직한 농장이 글쎄 어마어마한 악덕 농장이었지 뭡니까!"

파초빨 수염 선생 "허허, 계속 말씀해 보세요."

농부 족제비 "퇴근하자는 말이 무색할 정도로 오랜 시간 동안 야근하는 건 물론이고, 전임자가 인수인계 매뉴얼도 안 만들어 두고 그만둬서 첫날부터 얼마나 힘들었는지 몰라요."

파초빨 수염 선생 "그거 큰일이네요."

농부 족제비 "심지어 농장 영업자는 무슨 말도 안 되는 일들만 받아 오지 뭡니까. 족제비 마을에서는 아무도 재배해 본 적이 없는 아티초크네, 이름도 생소한 콜리플라워네 뭐네 그런 걸 당장 사흘 안에 수확해서 납품하라는 무리한 요구를 하는 겁니다. 참을 수가 없어서 농장주에게 항의했더니 '이제 이런 세련된 채소들의 시대야. 우리는 여기에 우리 농장의 명운을 걸었어.'라는 거예요, 글쎄……."

파초빨 수염 선생이 잘 들어 주어서인지 농부 족제비는 끊임없이 이야기를 이어 갔습니다. 곁에서 가만히 그 모습을 지켜보던 족제비들은 무언가를 알아차렸어요. 바로 파초빨 수염 선생이 자기 의견을 거의 이야기하지 않는다는 점이었죠. 파초빨 수염 선생이 하는 말이라고는 농부 족제비가 이미 한 말을 반복하는 말, 구체적인 예시나 의견을 말하게 유도하는 말, 더 이야기하라는 요구나 맞장구 정도였어요. 파초빨 수염 선생의 '자기 의견다운 말'이라고는 "스트레스는 잘 풀어야지요." 정도가 다였던 것 같네요. 족제비들은 가까이에 있던 카멜레온에게 물었습니다.

족제비들 "저기, 이 파초빨 수염 선생은 스스로 생각을 하긴 하는 거야?"

카멜레온 "응? 생각을 하는 거냐니?"

족제비들 "그러니까…… 제대로 된 자기 의견 같은 게 있는 거야?"

카멜레온 "뭐? 그런 게 있을 리가 없잖아."

족제비들 "어? 아까 분명히 이 로봇이 말을 알아듣는다고 했잖아? 그래서 우린 이 로봇이 스스로 생각하면서 이야기할 거라고 상상했는데."

카멜레온 "생각하면서 이야기한다는 게 어떤 의미지?"

족제비들 "음, 그러니까 이 로봇은 상대방이 한 말의 내용을 제대로 이해한 다음에 대답하는 거냐는 얘기야."

카멜레온 "말의 내용을 제대로 이해한 다음에 대답한다? 너희가 어떤 의미로 그렇게 말하는지 모르겠지만 설명을 좀 해 주자면, 이 파초빨 수염 선생은 몇 가지 규칙에 따라 움직여. 기본

적으로 상대방이 한 이야기에서 주어와 어미 '~해요(~어요)' 같은 걸 삭제한 다음에 문장 앞에 먼저 '허허,'를 붙이고 뒤에 '(~다)……고요.'를 붙여서 대답하지. 이런 식이야."

저는 식욕이 없어요. ⇒ 식욕이 없다
⇒ 허허, 식욕이 없다……고요.

족제비들 "엇? 그럼 상대방이 한 말을 듣고 그냥 반복하는 것뿐이잖아."

카멜레온 "그 외에도 규칙은 다양해. 상대방의 말을 잘 파악하지 못했을 때는 '흠, 그래서요?'나 '계속 말씀해 보세요.' 같은 말을 하지. 그리고 상대방이 한 말 속에 있는 핵심어에 따라 대답을 정하기도 해. 예를 들어 '잠을 못 잔다.'라는 말이 나오면 '뭐 짐작 가는 원인이 있습니까?' 하고 상대방에게 되묻지. 상대방이 '이것저것'이란 말을 하면 '구체적인 예를 들어 주시겠습니까?'라고 묻고. '고맙습니다.'나 '안녕히 계세요.'라는 말을 들으면 '그럼 건강하십시오.'라고 답하고. '스트레스'라는 단어가 나오면 '스트레스는 잘 풀어야지요.'라고 말하지. 파초빨 수염 선생은 '스트레스'라는 게 실제로 어떤 건지 몰라. 단순히 입력된 문자에 맞춘 다른 문자로 답할 뿐이야."

족제비들 "뭐야! 그럼 '스트레스는 잘 풀어야지요.'도 진짜 그렇게 생각해서 한 말이 아니란 소리야?"

카멜레온 "맞아. 그리고 레온은 또 다른 방식으로 작동하지. 레온에게는 '잘 풀렸던 대화'의 예시를 잔뜩 넣어 두었어. 대화의 예시란 한 쌍을 이루는 질문과 대답이야. 즉 '한쪽이 이렇게 말하면 다른 한쪽이 이렇게 대답한다' 하는 것들이지. 예를 들어 '요즘 어때?' 하면 '그럭저럭.'이라고 하지. 레온은 이런 예시 자료를 많이 가지고 있어.

> 질문: 요즘 어때? / 대답: 그럭저럭.
> 질문: 아, 진짜 짜증 나네. / 대답: 히잉. 혼났다~.

그러니까 레온은 누가 말을 걸어오면 상대방이 한 말과 비슷한 패턴을 가진 예시를 자기가 가지고 있는 '대화의 예시' 중에서 찾아낸단 말이지. 그리고 그 유의성 정도에 따라 순위를 정하고, 그 중에서 가장 순위가 높은 대화 패턴의 대답을 자기 대답으로 골라. 그때 유의성을 어떻게 측정하느냐가 중요한데, 기계를 학습시키는 다양한 방법에……."

카멜레온은 설명을 이어 가려 했지만 족제비들이 중간에 끼어드네요.

족제비들 "레온은 그런 식으로 대화하는 거야? 그 말은 다른 누가 과거에 했던 대화를 반복한다는 말이잖아?"

카멜레온 "뭐, 어떤 의미에서는 그렇지."

족제비들 "그런 건 우리가 바라는 거랑은 완전히 달라. 상대방이 한 말의 내용을 제대로 이해하는 것도 아니고 진짜 자기 생각을 말하는 것도 아니란 말이야? 와아, 감쪽같이 속았네!"

카멜레온의 표정이 울컥합니다.

카멜레온 "아니, 너희도 말은 그렇게 하지만 실제로는 어떨 것 같아? 대화하면서 늘 상대방의 말을 정확히 이해하는 것 같아? 그리고 항상 진짜 너희가 생각하는 걸 이야기해? 적당히 맞장구치거나 적당히 대답하는 일은 절대 없다, 이 말이야?"

그 말을 들은 족제비들은 생각지 못했던 반박에 곰곰이 생각에 잠겼어요.

족제비들 "으음…… 맞아……, 별거 아닌 수다를 떨 때는 대충 적당한 말을 하는 것 같기도 한데……."

카멜레온 "거봐, 그렇잖아?"

족제비들 "아니, 그렇지만 제대로 생각해서 대답할 때도 있거든!"

카멜레온 "그러니까 그 '제대로 생각해서 대답한다'는 게 대체 뭐냐고?"

족제비들 "그건…… '제대로 생각해서 대답한다'라고밖엔 달리 표현할 말이……."

카멜레온 "그런 말로는 결국 아무런 대답이 되지 않아. 그럼 하나 묻자. 너희는 너희가 레온처럼 '과거에 경험한 대화의 기억'을 활용하는 일 없이 이야기한다는 자신이 있어?"

족제비들은 생각에 잠깁니다.

족제비들 "으~음. 그럴 때야 있겠지만…… 안 그럴 때도 당연히 있을걸! 맞아, 이것 봐! 지금도 우린 스스로, 제대로 생각해서 대답했잖아."

카멜레온 "정말?"

족제비들 "정말이야! ……정말일걸?"

카멜레온 "그렇다면 증명해 봐. 지금 너희가 과거에 어딘가에서 들었던 지금과 비슷한 대화를 흉내 내고 있지 않다는 걸."

그 말에 족제비들은 또다시 생각에 잠깁니다. 스스로는 당연히 제대로 생각하고 대답하는 것이라고 여겼지만, 대체 그걸 어떻게 증명하면 좋을까요? 족제비들은 도통 알 수가 없었답니다. 또 자신감도 점점 사라지기 시작했어요. '어쩌면 카멜레온 말대로 우리는 그냥 과거에 들어 본 대화를 흉내 내고 있는 게 아닐까?

지금 이 순간 분명히 스스로 생각하고 있다고 생각하지만, 실제로는 그런 느낌만 들 뿐이고 사실은 생각을 안 하고 있는 건 아닐까?' 하는 생각이 들었기 때문이에요.

족제비들 "아, 아무래도 우린 제대로 생각하고 있다고 생각하는데……. 그게…… 증명 같은 건 할 수 없지만."

카멜레온 "그래, 너희가 그렇게 생각한다면 그걸로 충분해. 그리고 너희가 무슨 말을 하고 싶은 건지를 나도 모르는 건 아니야. 내가 하는 생각이 진짜로 뭔지도 모르는데 남이 진짜로 무슨 생각을 하는지를 아는 건 더 힘들지. 당연해. 그래서 사실 나도 그런 건 아무리 생각해 봤자 소용없는 일이라고 봐.

음…… 다시 아까 이야기로 돌아가자면, 이 파초빨 수염 선생과 레온은 잡담용으로 만든 로봇이야. 막힘없는 수다를 즐기기 위해서 만든, 즉 엔터테인먼트용 로봇이지. 로봇들이 진짜 스스로 생각하는지 아닌지 여부는 문제가 되지 않아. 우리 마을에서는 로봇이 스스로 생각하는 것처럼 보이고 상대방의 말에 공감해 주는 느낌을 주면 충분하다고 생각해. 두 로봇 모두 이 조건을 갖추고 현실에서 마을 사람들을 즐겁게 해 주고 있으니까 말이야. 그런데 이게 어디가 잘못됐어?"

족제비들 "잘못됐다는 말은 아니야. 그냥 우리가 기대했던 거랑은 좀 다른 것 같단 말이지."

카멜레온 "너흰 대체 우리 로봇에게 뭘 기대했는데?"

족제비들 "우린 뭐든지 다 알고, 뭐든지 다 할 줄 아는 로봇을 만들려고 해. 그런데 이 마을에서 말을 이해하는 로봇을 만들었다고 하길래 보러 왔어."

카멜레온 "뭐든지 다 안다는 건, 이 세상에 대한 지식을 가지고 있어야 한다는 말이야? 우린 그런 건 만든 적도 없고 앞으로 만들 생각도 없어. …… 아, 그런데 얼마 전에 그런 로봇이 나왔다는 이야기를 들은 것 같긴 하네."

족제비들 "뭐? 어디서?"

카멜레온 "개미 마을에서 그런 걸 만들었다고 했어. 많은 걸 알고 있고, 질문에 대답도 해 준다고 하던데."

족제비들 "정말?!"

놀란 족제비들은 곧바로 개미 마을로 출발했어요. 농부 족제비는 다른 족제비들이 사라진 것도 모른 채 여전히 열심히 파초빨 수염 선생과 대화를 이어 갔지요. 그리고 한바탕 일 이야기를 나누고는 대화를 마무리하며 한숨을 쉬었어요.

농부 족제비 "…… 전 이제 와서야 여러모로 후회돼요."

파초빨 수염 선생 "호오, 이제 와서야 여러모로 후회된다……고요. 구체적인 예를 들어 주시겠어요?"

농부 족제비 "앞으로는 어떻게 해야 하나 싶네요."

파초빨 수염 선생 "본인은 어떻게 하는 게 좋을 것 같습니까?"

농부 족제비 "그러게요. 전에 일하던 밭으로 돌아가면 좋겠는데 말이죠. 아! 그래! 그러면 되겠구나! 왜 진작 그 생각을 못 했을까."

농부 족제비는 비로소 후련해진 표정으로 파초빨 수염 선생에게 감사 인사를 전했습니다.

농부 족제비 "야아 이거, 덕분에 해결책을 찾았습니다. 파초빨 수염 선생님, 고맙습니다."
파초빨 수염 선생 "그럼 건강하십시오."

벽 너머의 상대방은 인간인가 기계인가:

튜링 테스트

말을 이해하는 것이 어떤 일인지 생각하는 데 빠트릴 수 없는 중요한 연구를 소개합니다. 바로 1950년, 영국의 교육자 앨런 튜링이 발표한 논문 <기계가 지성을 가졌는지 여부를 판단하는 테스트>지요.[4] 인공지능 연구는 이 연구로부터 시작되었다고 알려져 있습니다.

튜링은 기계가 지성을 가졌는지 여부를 어떻게 파악하면 좋을지 고민했습니다. 그가 내린 결론은 이렇습니다.

"만약 기계에게 인간과 구별하기 어려울 만큼 대화가 가능한 능력이 생긴다면, 그 기계는 지성을 가졌다고 판단해도 좋다."

튜링은 이런 결론을 토대로 기계의 지성을 판단하는 테스트를 고안했는데, 그것이 바로 튜링 테스트입니다.

튜링 테스트에는 질문하는 인간, 대답하는 인간, 대답하는 기계, 이렇게 셋이 필요합니다. 대답하는 사람과 대답하는 기계는 질문하는 사람이 볼 수 없는 곳에 배치됩니다. 질문하는 사람은 (예를 들면 키보드 입력 등의 방법을 통해) 대답하는 사람과 대답하는 기계에게 말을 걸고 그들의 반응을 살핍니다. 이런 반복으로 얻을 수 있는 대화를 통해 질문하는 사람이 보기에 '어느 쪽이 사람이고 어느 쪽이 기계인지 구별할 수 없다'면 그 기계는 지성을 가졌다고 판단합니다.

여러분은 이 테스트를 어떻게 생각하시나요? 이런 테스트로 지성의 유무를 판단할 수는 없다고 생각하실 분도 적지 않을 겁니다. 실제로 튜링이 이 테스트를 발표했을 당시에도 많은 반론이 있었습니다. 그러나 튜링은 발표 후 펼쳐질 반론에 대한 반론을 미리 준비하고 있었죠. 그중에서도 가장 강력한 주장은 다음과 같이 요약됩니다.

"우리 인간끼리도 상대가 정말로 지성을 가졌는지를 판단하려면 그의 행동을 보고 추측할 수밖에 없다. 행동을 보고 판단한다는 것을 부정한다면 궁극적으로 '나 이외의 사람은 모두 지성을 갖지 못했다'라는 독단론적 결론에 빠지고 말 것이다."

우리는 평소에 다른 사람들도 나와 마찬가지로 지성을 가졌으며, 무언가를 이해하거나 생각할 거라는 대전제를 깔고 살아갑니다. 튜링은 만일 튜링 테스트를 부정한다면 우리의 대전제 자체를 의심하게 될 것이라고 주장한 셈입니다. 즉 "나 이외의 사람은 사실 지성을 갖지 않았으면서 가진 척만 하고 있는 게 아닐까?" 하고 의심하게 된다는 말이지요.

자칫 반발심이 들 만큼 대단히 센 주장입니다. 튜링 테스트에 대한 반론 중에 우리가 무언가를 이해했을 때 느끼는 '아하, 알겠다!'라는 감각이 동반되지 않는 이상은 아무리 이해하는 척 대화하더라도 지성이 출현한 것이 아니라는 주장도 있을 정도입니다. 그러나 과연 이런 주장이 튜링 테스트를 근본적으로 부정할 수 있을까요? 아마도 그럴 수는 없을 겁니다. 왜냐하면 우리가 무언가에 대해 '아하, 알겠다!'라고 느끼는 감각 그 자체가 그리 괜찮은 근거가 되지 못하기 때문입니다. 알 것 같기는 한데 따져 보면 전혀 이해하지 못했던 경험은 아마 누구에게나 있을 테니까요. 튜링 테스트의 아성을 무너뜨리기란 생각 외로 어렵답니다.[5]

잡담하는 기계?:
인간과 대화하는 기계의 현재 수준

그런데 인간과 구별이 안 되는 대화 능력을 지성의 유무, 심지어 말을 이해하는지 못 하는지의 판단 기준으로 삼아도 정말 괜찮을까요? 이 주제에 대해 생각해 보기 위해서 '인간과 대화하는 기계' 개발에 대해 좀 더 살펴봅시다.

인간과 대화하는 기계에는 크게 두 가지 유형이 있습니다. 하나는 사람이 필요로 하는 정보를 제공하거나 필요한 절차를 수행해 주는 등 명확한 목적을 갖는 기계입니다. 사람과의 대화에 기반하여 음식점 검색이나 버스 도착 시각 안내, 질문에 대한 대응 등을 하는 기계가 바로 이 유형에 해당합니다. 이 유형의 기계는 목적을 달성하기 위해 필요한 정보를 갖추고 있습니다. 예를 들어 버스가 어느 정류장에 몇 시 몇 분에 도착하는지와 같은 정보를 데이터베이스 따위의 형태로 가지고 있는 것이죠. 이러한 기계 중 대량의 문헌에서 사람이 원하는 정보를 찾아 대답하는 기계에 대해서는 다음 장에서 더 자세히 다루겠습니다.

또 다른 유형은 명확한 목적이 없는 대화, 즉 사람과 잡담을 나누는 기계입니다. "왜 잡담하는 기계 따위를 만들 필요가 있단 말이지?"라고 생각하기 쉽지만, 잡담에도 실용적인 중요성이 있습니다. 일본 내 대화 시스템 연구의 일인자이자 일본의 인공지능 학회 이사인 히가시나카 류이치로(東中龍一郎) 씨는 설령 정보를 제공할 목적으로 만들어진 시스템이더라도 잡담 기능을 전혀 갖추지 못하면 이용자가 기계와 길게 이야기하려 하지 않고, 따라서 본론에 다다르기도 전에 이용을 중지하는 경향이 있다는 사실을 지적합니다.[6] 또한 사람이 하루에 나누는 대화의 60%가 잡담이라는 조사 결과가 있는 만큼[7] 사람과 관련한 기계를 개발하는 데 있어 잡담은 무시할 수 없는 요소입니다.

튜링 테스트에서 상정한 '대답하는 기계'는 위의 두 가지 유형 중 어느 쪽에 가까울까요? 아마도 두 번째 유형인 사람과 잡담을 나누는 기계 쪽에 가깝다고 보는 것이 자연스러울 겁니다. 튜링 테스트에서 지성의 유무를 판단하는 재료로 삼는 것은 '인간과 구별이 안 되는 대화 능력을 갖는 일'입니다. 이때 첫 번째 유형의 기계처럼 사람에게 정확한 정보를 제공하는 것이 반드시 인간다움을 느끼게 하는 요소라고 잘라 말할 수는 없지요. 오히려 질문에 너무 자세하고 정확한 대답을 하게 되면 '마치 기계 같다'라는 인상을 줄 수밖에 없습니다.

튜링 테스트로 경쟁하는 행사인 뢰브너 상(Loebner Prize)[8] 대회에서도 인간의 착각을 잘 흉내 낸 기계가 더 인간답다고 판단된 사례가 있었습니다. 잡담하는 기계에게 중요한 것은 반드시 사람의 질문에 정확한 답을 내놓는 것이 아니라 '인간이 볼 때 얼마나 자연스러운 대화를 할 줄 아는지'입니다. 이것은 튜링 테스트가 지성의 유무를 기준으로 하는 것과 대체로 일치합니다.

잡담하는 기계는 오래전부터 개발되어 왔습니다. 그중 유명한 것이 1966년에 개발된 엘리자(ELIZA)[9]라는 프로그램입니다. 엘리자는 수많은 패턴 대응 규칙을 갖추고 사람이 키보드로 입력한 질문의 패턴에 맞추어 대답합니다. 앞선 에피소드에 등장한 파초빨 수염 선생의 모델이 바로 엘리자입니다. '컴퓨터 심리상담사'라는 이름으로 개발된 프로그램인 엘리자는 앵무새처럼 되

묻는 대답이 많았음에도 인기를 끌었고, 개중에는 엘리자가 인간이라고 믿어 몇 시간씩 대화한 사람도 있었다고 합니다. 프로그램의 동작 방식이 마치 매뉴얼에 따라 사무적으로 반응하는 심리상담사의 이미지에 딱 들어맞았다는 점도 인기의 한 요인으로 작용했지요.

최근에는 인간의 대화 데이터가 예전보다 더 많이 수집되고, 기계 학습 기술이 발달함에 따라 '대량의 대화 데이터 중에서 지금 받은 질문에 가까운 내용을 찾아 대답을 결정하는 '방법이 많이 사용됩니다. 마이크로소프트사의 여고생 AI 린나(Rinna: 2015년 7월 일본 시장에 발표된 여고생 챗봇)[10] 등이 이에 해당하며, 앞선 에피소드에 등장한 레온은 이 유형의 시스템을 모델로 삼았습니다.

그러나 카멜레온 마을 에피소드에 등장한 레온과 파초빨 수염 선생이 반드시 현재 잡담 시스템의 발전 상황을 그대로 반영한 것은 아니라는 점에 주의해 주셨으면 합니다. 에피소드 속에서 두 로봇은 '음성으로 발화된 질문을 알아듣고 음성으로 대답하는 로봇'으로 등장했지만 실제 모델인 엘리자와 린나는 로봇이 아니며, 문자로 입력한 질문에 문자로 답합니다.

실제 몸과 목소리를 가지며, 인간과 음성으로 자연스러운 대화를 나누는 로봇을 만들기 위해서는 시스템 처리에 따르는 타임래그를 얼마나 짧게 잡을 것인가 등등 다양한 과제를 해결해야 합니다. 또한 화제를 전환할 것인가 말 것인가, 어떠한 화제로 이

동할 것인가와 같은 판단은 그전까지의 대화 문맥, 상대방에 대한 지식과 상식, 표정이나 제스처 따위의 요소를 고려해야 하는 지극히 어려운 문제입니다.[11]

정답만 말하는 사람은 인간답지 않다고?:
어중간한 대화와 어중간한 이해

그러면 다시 '자연스러운 대화가 가능한 것'과 '말을 이해하는 것'을 동일시할 수 있느냐는 문제로 돌아가 봅시다. 앞서 이야기한 것처럼 아직까지는 완전히 자연스러운 구현 단계에는 도달하지 못했습니다. 그래도 사람이 기계와 대화하면서 자연스럽다고 느끼는 경우가 있는 것은 분명합니다. 게다가 엘리자처럼 지식을 거의 갖추지 않고 간단한 시스템으로 움직이며, 심지어 우리의 질문에 제대로 대답하지 못하는 시스템을 인간이라고 믿는 사람이 있었다는 사실은 매우 흥미로운 사례이지요. 어떻게 그런 일이 생길 수 있었을까요?

그 한 가지 요인으로 인간은 평소에 말 그 자체의 내용을 그다지 생각지 않고 대화하는 경우가 많기 때문이라는 점을 들 수 있습니다. 사실 우리는 잡담하면서 스스로 무엇에 주의를 기울이는지 정확히 알지 못합니다. 게다가 이야기의 자세한 내용보다는 이야기의 대략적인 인상이나 이야기하는 상대방의 모습에 더 주의를 기울이는 일이 많은 듯합니다. 상대방이 하는 말이 나에게 유쾌한지 불쾌한지, 상대방의 말이 나타내는 것이 나에 대한 호의인지 혐오인지에 더 주목하는 경향이 있습니다. 우리가 인간이기 이전에 동물이라는 사실을 떠올리면 타인, 즉 다른 동물을 접할 때 염두에 두어야 할 것—상대방이 나의 적인지 아군인지, 나보다 강한지 약한지, 공격할지 도망칠지—에 가장 신경을 쏟는 것은 자연스러운 일인지도 모릅니다.

또한 잡담할 때는 다른 유형의 대화에 비해 상대방과의 관계를 유지하는 일이나 부드러운 대화의 흐름을 이어 가는 일이 중시되는 편입니다. 사람에 따라 다르겠지만, 잡담을 나누면서 상대방이 어중간한 말을 해도 굳이 명확한 내용을 따져 묻는 일은 거의 없지 않을까요? "우린 영원한 친구 맞지?"라는 말을 듣고 "'영원'이란 게 언제까지를 말하는 거야? 둘 중 하나가 먼저 죽을 때까지라는 소리야? '친구'란 게 구체적으로 어떤 관계지? 1년에 최소한 한 번이라도 편지를 주고받으면 '친구'인가? 그리고 '맞지?'는 네가 너 스스로 납득하기 위해서 한 말이야? 아니면 나한테 동의를 바라서 한 말이야?"라고 반문할 사람은 극히 드물 겁니다. 대부분의 사람은 상대방이 그런 발언으로 나에 대한 호의를 표하는 것을 알았으면 충분하다고 여기고, 그다음에는 자신이 그 호의에 어떻게 반응해야 할지를 생각할 겁니다.

잡담을 나눌 때는 이처럼 반드시 내용의 정확성이 추궁되지 않는 어중간한 대화가 많이 나옵니다. 제가 지금 카페에 앉아 이 부분을 쓰는 동안에도 주변 테이블에서 "또, 또 그런다~.", "어머~ 정말?", "우와~ 웬일이래.", "큰일이네, 진짜." 같은 말들이 들려오고 있습니다. 어떤 이야기를 하는지는 몰라도 상대방을 긍정하는지 부정하는지, 혹은 의문을 표하는지를 어떤 방향으로든 해석할 수 있는 말들입니다. 이처럼 어떻게든 적용되는 대답을 상대방은 '나와 교감해 줬어', '제대로 부정해 주네', '내 이야기에 관심을 가져 주는구나' 등등 본인에게 유리하게 해석할 겁니다. 어중간한 말은 상대방의 반응을 보거나 상대방이 주관적으로 해석하게 만드는 데 편리하게 쓰입니다.

그 점을 노린 것인지는 몰라도, 기계에게서도 자연스러운 잡담의 흐름을 위해 대화하면서 이런 어중간한 말을 사용하는 모습을 많이 찾아볼 수 있습니다. 그런 화법을 자연스럽게 내보일 수 있도록 하는 연구(시스템에 캐릭터를 부여하는 등)도 이루어지고 있지요(린나의 "생글생글"이나 "넹"과 같은 대답, 엘리자의 "이야기를 더 들려주시겠어요?" 등). 인간에게는 자기가 한 말 한 마디 한 마디에 명확한 내용 확인을 요구하는 반응보다는 '내 마음을 알아주는구나' 싶게 만드는 반응이 보다 인간답고 자연스럽게 느껴지는지도 모릅니다.

기계의 말과 인간다운 말의 차이는?:

'참-거짓'을 무시할 수는 없을 텐데

잡담 중에 '어중간한 말을 어중간하게 이해하는 일'은 전혀 잘못된 일이 아닙니다. 오히려 인간관계를 원활하게 만드는 데 중요한 요소로 여겨지지요. 그런데 살짝 시야를 넓혀 보면 어중간한 말은 잡담이 아닐 때도 넘쳐나는 것을 알 수 있습니다. 예를 들어 보이스피싱 범죄자가 전화기 너머에서 "나야, 나."라는 말만 하는 이유는, 이 말이 상대방으로 하여금 '내가 아는 사람에게서 온 전화'라고 믿게 만들기 쉬워서일 겁니다.

정치 선전 중에 "여러분이 신나게 활약할 수 있는 사회를 만들겠습니다."라는 말처럼 어중간하지만 얼핏 좋아 보이는 말이 많은 이유도 그 선전을 들은 사람이 '나에게 좋은 일이구나'라는 인상을 받게 하기 쉽기 때문이지요. 실제로는 문구에서 가리키는 "여러분"이 '일부 부자들'이라는 뜻이거나, "신나게 활약할 수 있는"이라는 말이 '국가에 아무런 서비스를 요구하지 말고 자력으로 살라'라는 뜻이거나, "만들겠습니다"가 '실현이 될지 안 될지는 보장 못 한다'라는 뜻이라고 하더라도 명확하게 말하지 않는 이상 상대방은 그 '참-거짓'을 알 수 없습니다. 명확하게 말하지 않음으로써 정말인지 아닌지, 즉 참-거짓을 묻지 못하게 만들면 화자 입장에서 불리한 점을 얼버무릴 수 있게 됩니다.

이처럼 어중간한 말들이 전혀 통하지 않는 경우도 많습니다.

학교를 벗어나 막 사회인으로서 첫걸음을 내디디면서 '가족이나 친구들과는 편하게 이야기할 수 있는데, 직장에서 만난 사람들과는 이야기하는 것이 불편한' 경험을 해 보신 분도 많을 겁니다 (저도 그중 하나입니다). 실제로 업무상 보고와 교섭, 법적인 계약 등을 할 때는 정보를 정확하게 전달하는 말로 이야기할 것, 들리는 이야기의 내용을 정확하게 이해할 것 등과 같은 점들이 중시됩니다. 그럴 때 어중간한 말을 사용하면 문제가 생기기 쉽기 때문입니다.

또 학문적인 활동을 하면서는 말을 사용할 때 모호함을 배제하려고 노력해야 합니다. 지식을 쌓아 가는 목적을 위해서는 누군가가 한 주장이 옳은지 그른지 객관적으로 판단할 필요가 있기 때문입니다. 참-거짓을 따질 수 없는 어중간한 주장에는 학문적 가치가 없습니다.

이런 점들을 생각하면 말을 이해한다는 일에는 아무래도 자연스러운 대화가 가능한 능력 이상의 무언가가 더 있는 듯한 느낌이 듭니다. 적어도 '참인지 거짓인지', '정확한 정보인지 부정확한 정보인지' 혹은 '애초에 그런 것을 따져 물을 줄 아는지'와 같이 참-거짓에 관한 고려가 포함되어야 하겠지요.

자연스러운 대화가 가능한 능력에는 반드시 이러한 참-거짓을 고려하는 능력이 요구되지는 않는다는 점에서, 말을 이해하는 능력과 자연스러운 대화가 가능한 능력을 동일시할 수는 없을 듯합니다. 어쩌면 자연스러운 대화를 할 수 있는 능력이 언어 이해에 있어 필요조건도, 충분조건도 아닐지 모릅니다. 위에서 살펴본 것처럼 자연스러운 대화가 이루어졌다고 하더라도 언어를 이해한다고 단정할 수는 없으며, 또한 언어를 이해하는 사람 모두가 자연스러운 대화를 할 수 있다고도 단정할 수가 없기 때문이지요.

그렇다면 정확하게 말하기를 요구받으며, 그 요구에 어느 정도 부응할 줄 아는 기계의 경우는 어떨까요? 다음 장에서 함께 살펴보기로 합시다.

3장

어떤 질문에도 척척 대답하는
로봇을 찾아 개미 마을로!
질문에 바르게 대답하는 능력

족제비들은 서둘러 개미 마을로 향했어요. 마을이라고는 하지만 실은 숲속에 덩그러니 지어진 그리 크지 않은 개밋둑이었죠. 심지어 종종 큰개미핥기의 습격을 받아 무너지면 다시 짓고, 무너지면 또다시 짓는 일이 반복되는 곳이었어요.

개미 마을 부근에 다다른 족제비들은 개밋둑 앞에 세워진 낯설고 커다란 상(像)을 하나 발견했어요. 멀리서 보아도 거대한 개미 형태를 띤 걸 알 수 있었죠. 족제비들이 가까이 다가가기 직전, 거대한 개미 상 앞에 큰개미핥기가 나타났습니다. 큰개미핥기는 자기보다도 훨씬 큰 개미 상을 보고는 겁에 질렸죠. 그때 갑자기 거대한 개미 상이 큰개미핥기에게 말했어요.

거대 개미 로봇 　"나는 개미 신이다. 너는 누구냐."

큰개미핥기 　"나, 나는 큰개미핥기다!"

거대 개미 로봇 　"큰개미핥기라……. 개미 마을에 재앙을 불러 오는 자여, 여기에서 썩 꺼져라! 꺼지지 않으면 내가 너를 잡아 먹을 것이다!"

큰개미핥기 　"우와아악! 큰개미핥기 살려!"

큰개미핥기는 외마디 비명을 지르며 도망쳤어요.

족제비들 　"저게 개미 마을에서 만든 로봇인가? 세상에, 진짜 말을 하네."

족제비들은 큰 충격을 받았습니다. 왜냐하면 족제비들은 예전 부터 말을 못하는 개미들을 바보로 취급해 왔기 때문이었죠. 하 지만 사실 개미들은 말을 못하는 게 아니라 다른 동물들에게까 지 들릴 만큼 목소리가 크지 않을 뿐이었답니다.

그러나 족제비들은 금세 생각을 고쳐먹었어요. 어쩌면 저 거 대 개미 로봇도 카멜레온 마을의 로봇들처럼 아무것도 스스로 생각하지 못할지도 모르기 때문이었지요. 족제비들은 확인해 보 려고 거대 개미 로봇 앞에 섰습니다. 그러자 거대 개미 로봇이 말 을 걸어옵니다.

거대 개미 로봇 "나는 개미 신이다. 너는 누구냐."

족제비들 "족제비입니다."

거대 개미 로봇 "족제비라……. 나는 신이므로 모든 걸 알고 있다. 뭐든지 대답해 줄 테니 질문해 보아라."

그 말을 들은 족제비들은 질문을 던졌어요.

족제비들 "그럼, 에베레스트산의 높이는 몇 미터죠?"

거대 개미 로봇 "8,848미터다."

족제비들 "우와, 맞았어!"

놀란 족제비들은 연달아 질문을 퍼붓습니다. "미국의 수도는 어디인가요?", "구약 성서에서 뱀의 꼬임에 넘어간 이브가 먹은 것은 뭐죠?", "<백조의 호수>를 포함한 3대 발레 작품을 남긴 러시아 작곡가는 누구인가요?"

거대 개미 로봇은 잇달아 정확하게 대답합니다. "워싱턴 D.C.", "사과", "차이콥스키."

족제비들 "굉장해! 진짜 모든 걸 알고 있어! 근데 질문이 너무 쉬운 거 아니야? 다시 한번 더 복잡한 질문을 해 보자."

선생님 족제비 "그럼 이건 어떨까? (거대 개미 로봇을 향해) 일본 수군 133척이 조선 수군 13척에게 대패한 해전은?"

족제비들 "옳거니! 일단 1597년에 도요토미 히데요시가 보낸 일본 수군이 조선 장수 이순신에게 아주 망할 대로 망한 일이 있다는 걸 모르면 대답할 수 없는 문제구나."

하지만 거대 개미 로봇은 곧장 "명량대첩."이라고 대답했어요.

족제비들 "우와, 정답이다. 대단한데!"

족제비들이 감탄하는 동안, 너구리 한 마리가 홀연히 모습을 드러냈어요. 가까운 산에서 홀로 살아가는 너구리였지요. 이 너구리는 다른 너구리들과 무리를 이루어 살지도, 특정 마을에 소속되어 살지도 않았어요. 무척이나 해박하고 온화한 성격 덕분에 산골 주변 마을의 동물들에게 사랑받았는데, 특히 '무슨 일이 생겼을 때 상의할 존재'로 각광을 받았답니다. 너구리는 족제비들 옆으로 다가가 거대 개미에게 물었어요.

너구리 "올빼미 올순 씨가 거실에서 신문을 집어 들고 부엌을 지나 작업실로 갔습니다. 신문은 지금 어디에 있겠습니까?"
족제비들 "저기, 너구리 선생님. 뭐 하시는 거예요, 갑자기? 게다가 그렇게 간단한 문제에 답을 못할 리가 있겠어요?"

그러나 거대 개미 로봇은 아무런 대답도 하지 않았어요. 너구리도, 족제비들도 조용히 대답을 기다렸죠. 잠시 침묵이 이어진 후에 거대 개미 로봇은 이렇게 말했어요.

거대 개미 로봇 "식당."

족제비들 "엥? 어, 이거…… 설마, 틀린 거야? 답은 '작업실'이 잖아."

너구리가 한 번 더 질문하는군요.

너구리 "두더지 두식 씨는 1개에 80두더지 달러로 살 수 있는 만두를 12개 가지고 있었습니다. 그중에 반은 여동생에게 주고, 남은 만두를 두 명의 친구에게 두 개씩 나누어 주었습니다. 그런 다음에 400두더지 달러를 들고 가게에 가서 만두를 살 수 있는 만큼 샀습니다. 그럼 이제 두식 씨에게는 만두가 몇 개나 있을까요?"

족제비들은 또 그렇게 쉬운 문제를 내는 너구리가 야속했습니다. 족제비 마을 초등학생들도 다 알 만한 문제를 내다니요. 하지만 거대 개미 로봇은 대답하지 않았어요. 잠시 침묵하다가 조용히 중얼거립니다.

거대 개미 로봇 "……패스."

족제비들 "에엥? 패스라니…… 질문을 패스하겠다는 말이야? 그러니까…… 모른다는 소리? 수학을 잘 못하나? 조금 더 물어볼까?"

족제비들은 제각기 "800÷80은?", "12÷2-2×2는?" 하고 물었고, 거대 개미 로봇은 어렵지 않게 "5.", "2."라고 대답했어요.

족제비들 "수학을 못하는 게 아니네. 그런데 왜 아까는 제대로 답하지 못한 거지?"

그때 너구리가 주머니에서 사과 하나를 꺼내 들고는 거대 개미 로봇에게 물었습니다.

너구리 "이것은 무엇일까요?"

족제비들은 정말이지 바보 같은 질문이라고 생각했어요. 당연히 곧장 정답을 말할 수 있는 간단한 문제 아니겠어요? 하지만 거대 개미 로봇은 입을 꾹 다문 채 대답하지 못했어요. 그 모습을 본 족제비들은 저마다 이렇게 말하기 시작했답니다.

족제비들 "저기, 설마 저 개미 로봇은 이게 사과라는 걸 모르는 거야?" "사과라는 단어의 뜻을 안다면 틀림없이 바로 대답할

수 있을 텐데. 저 로봇이 정말 말을 아는 건지 이제 슬슬 의심스러워.” “다른 질문들에 정답을 말했던 것도 무슨 속임수였는지 모르겠는걸.” “진짜 그래. 개미들이 만든 로봇이니 저 정도가 최선이었겠지, 뭐.”

그때였어요. 갑자기 개밋둑 속에서 대규모의 개미들이 한꺼번에 몰려 나와 거대 개미 로봇의 귓속으로 들어갔답니다. 곧바로 거대 개미 로봇이 큰 목소리로 이렇게 말했어요.

거대 개미 로봇 “저 정도가 최선이란 말은 뭐냐! 이 족제비들 녀석들!”
족제비들 “악, 깜짝이야. 역시 말을 알아듣는 건가?”

하지만 지금 거대 개미 로봇 안에는 많은 개미들이 들어가 있죠. 그 개미들이 이야기하고 있는 건지도 몰랐어요. 족제비들이 묻자 거대 개미 로봇은 "그렇다."라고 대답했어요.

개미들 "너희들 말대로 지금은 우리 개미 마을 주민들이 로봇의 입을 통해 이야기하고 있다. 우리가 안 듣고 있었을 거라 생각해서 속임수가 어쩌고, 저 정도가 어쩌고 하면서 아주 멋대로들 이야기하더군. 우리가 이 개미 신을 만들기 위해 얼마나 노력했는지 알기나 하냐!"

족제비들 "미안. 근데 이 로봇, 정말로 말을 이해해? 그냥 속임수 아니야?"

개미들 "무례한 녀석들이로군. 우리 로봇은 질문의 의미를 똑똑히 이해한 다음 답하는 로봇이야."

족제비들 "정말? 어떻게?"

개미들 "설명한다고 너희가 이해할 수 있을지는 모르겠지만 어쨌든 가르쳐 주지. 우선 이 개미 신은 무언가 질문을 받으면 질문의 문장을 분석해서 '대답 유형'을 판단해."

족제비들 "대답 유형이라고?"

개미들 "예를 들어 '미국의 수도는 어디?'라는 질문에 로봇이 답해야 하는 내용은 장소야. '구약 성서에서 뱀의 꼬임에 넘어가 이브가 먹은 것은?'이라는 질문의 답은 먹는 것이겠지. '<백조의 호수>를 포함한 3대 발레 작품을 남긴 러시아 작곡가는 누구?'라는 질문의 답은 인물이어야 해. 이런 '장소', '음식', '인물' 따위가 대답 유형이야. 이 개미 신을 만들 때 우리는 장소, 음식, 인물을 포함한 천 가지 이상의 대답 유형을 준비했지. 그리고 질문을 들을 때마다 요구되는 대답이 어느 유형에 해당하는지를 추측했다고."

족제비들 "흐~응."

개미들 "시시하단 반응이군. 이것만 해도 엄청난 일이라고! 하지만 아직 과제는 남아 있어. 그다음으로 해야 하는 작업은 질문 문장 안에서 중요한 핵심어를 빼내는 일이야. 예를 들어 '1597년 명량대첩 때 조선 수군의 장수는?'과 같은 질문에서는 문장 속 '1597년', '명량대첩' 등이 중요한 핵심어가 돼. 그리고 미리 마련한 정보 출처에서 이 핵심어들을 검색하는 거야.

우리의 정보 출처에는 전 세계 곤충들이 자발적으로 편집하고 작성하는 '우리키피디아'부터 각종 사전, 신문 기사 등이 저장돼 있어. 그 안에서 '1597년', '명량대첩'이란 단어를 포함한 문헌을 찾아낸 다음 그 문헌에 포함된 인명(人名)을 골라내지. 그게 바로 정답 후보야. '1597년', '명량대첩'을 포함한 문헌에는 대체로 '이순신', '도요토미 히데요시' 등이 실려 있을 테고."

족제비들 "호오~. 그럼 그 안에서 답을 고른다는 말이야?"

개미들 "맞아. 그러기 위해서 정답 후보로 나온 인명의 순위를 매기지. 옳은 답인 '이순신'이 1위로 오면 정답이 되는 거야."

족제비들 "그 순위를 매긴다는 건 어떤 방식이야?"

개미들 "간단히 말하기는 어려운데, 여러 사항을 고려해서 통합적으로 평가한다는 말밖에는 할 수 없겠어. 예컨대 질문 속 중요한 핵심어와 각각의 정답 후보가 어느 정도 거리에 있는지, 즉 몇 단어 정도 떨어져 있는지, 같은 문장이나 단락에 들어 있는지 등등 이렇게 여러 단계를 거쳐야 하는 점을 잘 고려해야 해. 왜냐하면 정답은 질문의 핵심어 주변에서 출현하기 쉽거든.

아까 들었던 예로 설명하자면 정답인 '이순신'은 질문의 핵심어인 '1597년'과 '명량대첩' 주변에 자주 출현해. 하지만 예외도 있으니까 다른 여러 가지 사항도 고려해서 되도록 정답이 상위에 올 수 있도록 순위를 매기게 하는 거야. 어떤 질문에 대해서도 이 방식이 가능해지도록 만들어야 해. 꽤 어려운 일이라고."

족제비들 "흐~음. 하지만 그런 것치고는 아까 너구리의 질문에 이상한 반응을 했었던 것 같은데. '올순 씨는 거실에서 신문을 집어 들고 부엌을 지나 작업실로 갔습니다. 신문은 지금 어디에 있겠습니까?'였던가? 왜 그런 간단한 문제에도 정답을 내지 못한 거지?"

개미들 "너희 우리가 한 설명 제대로 못 들었어? 아까 말했듯이 개미 신은 질문 속에서 중요한 핵심어를 찾아내서 백과사전이나 사전, 신문 기사와 같은 정보 출처를 검색한 후에 답을 찾는다고. 이 말인즉슨, 사전이나 신문 기사에 적혀 있는 내용이 아니면 못 찾아낸다는 말이야. '거실에서 신문을 들고 부엌을 지나 작업실로 가면 신문은 작업실에 있다' 같은 거야 너무 당연한 말이니 사전이나 신문에 적혀 있질 않잖아. 그래서 정답을 내지 못한 거야."

족제비들 "뭐야 그게. 그렇게 어린애들도 알 만한 걸 모른다면 영 구제 불능 아니야?"

개미들 "그렇게 생각하고 싶다면 맘대로 해. 하지만 우리가 개미 신을 만든 목적은 어린애들도 다 알 만한 당연한 정답을 알려 주기를 바라서가 아니었어.

이 넓은 세상에서 우리가 알 필요가 있는 일들을 우리가 평생을 걸려도 다 읽을 수 없는 문헌의 바닷속에서 찾아내 주길 바랐던 거지. 그 목적은 충분히 달성됐어. 실제로 개미 신은 우리가 하는 말을 이해하고, 높은 확률로 옳은 답을 알려 주니까."

족제비들 "으음. 하지만 그것만으로 정말 말을 이해하고 있다고 이야기해도 되는 걸까? 아까 너구리가 사과를 내밀었을 때 그게 뭔지 대답하지도 못했잖아."

개미들 "그건 어쩔 수 없지. 우리가 개미 신에게 '눈' 역할을 할 센서를 달진 않았으니까. 그 대신 개미 신 주변 땅에 무게를 감지하는 센서를 설치해서 누군가가 다가오면 반응할 수 있게 해 두었어. 단 가까이에 온 동물이 어떤 동물인지는 알지 못하고, 주변에 뭐가 있는지도 몰라. 즉 바깥세상에 대한 정보는 거의 갖지 않았단 말이지. 그래서 사과가 실제로 어떻게 생겼는지도 알지 못해. 그래도 사과에 대한 질문에는 대답할 수 있고, 우린 그거면 충분해."

족제비들 "아무래도 이상해. 사과를 본 적도, 먹은 적도 없는데 사과에 대한 질문에 대답한다니. 진정한 의미에서 말을 이해한다고 할 수는 없을 것 같아."

개미들 "뭐야? 우리의 개미 신은 아주 어엿이 말을 이해한다고 자부할 수 있어. 질문에 옳은 답을 내놓는 것 이상으로 말을 이해한다는 걸 보여 주는 더 좋은 예가 있겠어? 여기서 뭘 더 어쩌라는 거야!"

족제비들 "흠. 우리는 너희보다 더 대단한 로봇을 만들 거야. 겉치레나 척만 하는 게 아니라 진정한 의미에서 모든 걸 다 아는 로봇. 우리가 만들면 아까 너구리가 했던 질문에도 틀림없이 제대로 답할 수 있을걸!"

거대 개미 로봇은 족제비들의 이야기를 듣자마자 몸을 바르르 떨며 웃었어요. 그 안에 들어간 개미들이 웃고 있는 것이죠.

개미들 "진정한 의미에서 모든 걸 다 안다? 너희가 그런 로봇을 만들 수 있을 리가 없어."

족제비들 "뭐라고! 지금 우리를 바보 취급하는 거냐?"

개미들 "너희야말로 애당초 '진정한 의미에서 모든 걸 다 안다'라는 게 어떤 건지 알아? 너희도 모르잖아."

족제비들 "시끄러워! 어쨌든 우리는 너희보다 더 대단한 로봇을 만들 거야!"

개미들 "그래? 그렇게까지 말한다면 내기하자. 만약 너희가 진정한 의미에서 모든 걸 다 아는 로봇을 만드는 데 실패한다면 1년 동안 매일매일 우리에게 떡 100개씩을 바치도록 해."

족제비들은 개미들의 도발에 넘어가 그만 이렇게 대답해 버리네요.

족제비들 "그래, 좋아. 그 내기 받아들인다! 그 대신 우리가 성공하면 너희는 1년 동안 매일매일 우리에게 각설탕 100개씩을 내놔!"

개미들 "좋아, 약속했어."

정보를 넣어 주면 된다:
질문에 답하는 기계

기계에게 특화된 능력 중에 대표적인 것이 '기억력'과 '검색 능력'
일 겁니다. 현대에 사는 우리는 평소에도 기계가 가진 이런 능력
에 의지하며 생활하고 있지요. 검색창에 핵심어를 입력해 대량
의 문헌 가운데서 알고 싶은 정보를 찾아내는 일은 우리에게 이
미 일상적인 활동이 되었습니다.

　그러나 때로는 핵심어의 조합만으로 원하는 정보를 잘 찾을 수
없을 때도 있습니다. 그럴 때는 내가 잘 아는 사람에게 물을 때
처럼 문장 형태로 질문할 수 있다면 편리하겠지요. 그리고 일반
적인 검색에서 기계의 역할은 '지정된 핵심어를 포함하는 문헌
을 발견해 관련도가 높다고 예측되는 순서대로 나열해 보여 주는
일'까지입니다. 나머지는 인간이 직접 문헌을 읽고 자력으로 원
하는 정보를 찾아내야 합니다. 만약 기계가 우리의 질문을 이해

한 다음 대량의 정보 속에서 원하는 답을 찾아내 주는 역할까지 담당한다면 대단히 편리해지겠지요.

기계에게 문장 형태로 질문을 입력해 대량의 문헌 속에서 옳은 답을 찾아내게 만드는 과제를 '질문 응답'이라고 합니다. 질문 응답은 현재도 활발히 연구 중인 과제로, 2011년에는 IBM이 발표한 인공지능 시스템 '왓슨(Watson)'이 퀴즈 프로그램에 출연해 영어 문장 형태로 제시된 퀴즈에 대답하며 인간 퀴즈왕을 물리쳤습니다. 이후 왓슨은 질병 진단과 치료법을 추천하는 용도로 응용되어 성과를 올리고 있습니다.[12] 요즘에는 우리도 스마트폰 어시스턴트에게 간단한 질문을 하고 바로 답을 얻는 경험을 하고 있지요.

이렇게 질문에 대답할 줄 아는 기계의 시스템은 대략 다음과 같습니다. 앞서 살펴본 개미들의 이야기를 조금 더 깊이 살펴볼까요?

1. 질문 문장 속에서 '정답 유형'을 추측한다.

기계는 가장 먼저 우리의 질문이 '어떤 유형의 답을 바라는지'를 판단해야 합니다. 기계가 답해야 하는 것이 인명인지, 지명인지 혹은 또 다른 무언가의 이름인지 말이지요. 이름뿐만 아니라 길이나 높이, 가격 등을 답해야 하는 경우도 예상해 두어야 합니다.

대다수의 질문 응답 시스템은 자신이 갖춘 '정답 유형 분류' 속에서 질문이 요구하는 대답의 유형이 어디에 가까운지를 판단합니다. '정답 유형 분류'를 어느 정도의 규모로 구성하고 어떤 정보들을 갖추고 있느냐는 질문 응답 시스템의 목적에 따라 바뀌게 됩니다. 예를 들어 퀴즈에 도전할 때 왓슨은 광범위한 분야에 걸친 2천5백여 가지 '정답 유형 분류'를 갖추고 있었습니다.[13] 하지만 보다 한정된 목적으로 사용하고자 하면, 예컨대 의료 분야의 질문에 답하는 시스템으로 활용할 때에는 '정답 유형 분류'의 규모가 보다 좁으며 보다 전문적인 것이 되어야겠지요.

2. 질문 문장을 변환해서 '검색용 핵심어'를 만들고 정보 출처를 검색한다.

정답 유형을 한정한 후에는 답을 찾기 위해 정보 출처를 검색해야 합니다. 그때는 보통 질문 문장을 그대로 검색에 사용하지 않고 질문 문장에 포함되었던 중요한 핵심어를 뽑아내서 사용합니다. 핵심어로는 주로 고유명사(인명이나 지명과 같이 세상에 딱 하나인 것을 가리키는 말), 전문용어, 연호나 일시 따위의 시간 표현, 길이나 가격 같은 수치가 이용됩니다. 정보 출처 속에서 예상 답안을 포함한 문헌을 골라내 줄 수 있는 단어를 고르는 것이 가장 바람직합니다.

정보 출처란, 사전에 '여기에서 답을 찾아라' 하고 기계에게 제공해 둔 자료의 집합을 말합니다. 정보 출처 안에서 어떤 문헌을 얼마나 포함해야 하는지 역시 질문 응답 시스템의 목적에 따라 바뀌게 됩니다. 예를 들어 IBM의 왓슨이 퀴즈에 도전했을 때는 검색 대상을 신문 기사나 백과사전, 각종 사전, 블로그 기사, 성경 등으로 다양하게 두었지만[14], 의료 관련 정보 시스템으로 탈

바꿈한 후에는 진료 기록이나 의학 논문처럼 전문적으로 신뢰할 수 있는 문헌으로 한정했을 겁니다. 쓸데없는 정보를 넣지 않음으로써 더 좋은 결과를 기대할 수 있게 되지요. 어떤 분야의 시스템이든 정확한 답을 낼 때는 어중간한 억측이나 거짓이 기록된 문헌은 피해야 합니다.

3. 검색한 문헌에서 '정답 후보'가 될 단어를 유추한다.

핵심어를 포함한 문헌이 발견되면 그 속에서 정답 유형에 들어맞는 말을 추려 내서 정답 후보 리스트에 넣습니다.

이때 작성된 후보 리스트에는 정답이 포함되어야만 하는데, 후보가 너무 많은 것도 바람직하지는 않습니다. 따라서 검색으로 찾아낸 문헌에 어떻게 순위를 매길 것인가, 또 상위 몇 개까지의 문헌에서 정답 후보를 추려 낼 것인가 등의 사안도 적절히 결정할 필요가 있습니다.

4. 정답 후보 리스트에서 '확신도(Certainty Factor)'를 기반으로 답을 고른다.

마지막으로 정답 후보 리스트에서 답을 고르게 되는데, 이때 정답 후보 하나하나에 순위를 매긴 다음 가장 순위가 높은 것이 '답'이 됩니다. 정답 순위를 매기는 기준은 질문에 포함된 중요한 핵심어와 각각의 정답 후보가 서로 몇 단어만큼 떨어져 있는지, 혹은 그것들이 같은 문장이나 단락에 들어가 있는지 등을 고려해서 정합니다. 이때도 여러 단계를 통해 발견한 특징을 최대한 활용하게 됩니다. 이런 과정을 통해서 기계가 정답을 도출하기도, 오답을 도출하기도 하지만, 사용 분야와 목적에 맞추어 기계가 되도록 정답을 내놓게 하기 위해서는 얼마간의 시행착오가 불가피합니다.

이상은 대다수의 '질문에 답하는 기계'들이 채용하고 있는 시스템에 대한 설명이었습니다. 위에서 살펴본 바와 같이 이런 기계들이 낸 답의 정확성은 정보 출처인 문헌군에 기반합니다. 이 기계들은 문헌에 있는 내용은 곧잘 대답하지만 문헌에 없는 내용은 잘 대답하지 못합니다. 따라서 문헌에 없는 상식적인, 혹은 일상적인 내용의 질문은 기계가 잘 대답하지 못하는 부류에 속하게 되겠지요.[15]

잘 알지도 못하면서:
언어의 세계에서만 이루어지는 한정된 이해

지금까지의 설명을 읽으신 여러분은 앞 장에서 다룬 '잡담을 하는 기계'보다 이번 장에서 다룬 '질문에 답하는 기계'가 더 지적인 능력을 갖추었다고 느끼실지도 모르겠습니다.

이미 살펴본 것처럼 잡담을 하는 기계는 반드시 '참'이나 '정확한 사실'을 대답하라는 요구를 받지 않습니다. 그와 반대로 질문에 답하는 기계는 답이 '정답인지 오답인지'를 밝혀야 하는 난관을 맞습니다. "명량대첩의 조선 수군 장수는 누구?"라는 질문에 "이순신"이라고 대답하면 정답이지만 "연개소문"이나 "막걸리" 또는 "여수 밤바다" 등으로 대답하면 오답입니다.

틀리는 빈도를 줄이고 정답을 맞히는 빈도를 높이기 위해서 질문에 답하는 기계는 잡담을 하는 기계보다 훨씬 더 '의미의 영역'에 발을 딛고 있습니다. 예를 들면 대부분의 질문 응답 시스템에는 핵심어나 정답 후보를 의미적으로 분류하는 부분-'이순신'이나 '차이콥스키'는 '사람', '한국'은 '나라', '사과'는 '과일'인 것을 식별하는 부분-이 있습니다. '먹다'의 주어는 '동물'이고 목적어로는 '음식'이 나온다와 같이 동사와 주어, 목적어와의 관계를 고려하는 시스템도 있습니다.

또한 핵심어에 따라 정보 출처를 검색할 때 표기가 다른 단어나 뜻이 같은 말(동의어)도 사용합니다. 이처럼 질문에 답하는 기계에는 질문이나 대답의 뜻을 고려하기 위한 요소들이 잔뜩 담겨 있습니다.

그렇다면 질문에 답하는 기계는 말을 이해하고 있다고 말할 수 있을까요?

이에 대해 머릿속에 즉각 떠오르는 반론은 "말의 세계에만 한정되는 것이 아닌가?", "질문이나 답이 구체적으로 어떤 것을 가리키는지 모르면서 이해한다고 말할 수 있나?" 등이 있을 겁니다. 앞선 에피소드 속 족제비들처럼 "사과를 본 적도, 먹어 본 적도 없으면서 사과에 관한 질문에 답하는 건 진정한 의미에서 대답한 것이라고 볼 수 없다."라는 반론이지요.

기계는 외부 세계의 정보를 받아들이기 위한 센서를 붙이지 않는 이상 사과의 실물이 어떠한지를 체험할 수 없습니다. 또한 사과와 다른 것―예를 들면 '귤'―을 구별하거나 맛으로 차이를 감지하는 일도 할 수 없습니다. 기계는 사과가 과일로 분류된다는 사실을 가르쳐도 과일이 어떠한 것인지를 알지 못합니다. '먹다'의 목적어가 '음식'이라는 것을 가르쳐 봤자 센서가 없는 이상 먹는 일이 어떤 행위인지조차 알 수 없고, 입이나 치아, 혀, 소화기관을 갖지 않는 이상 먹는 일을 체험할 수도 없습니다. '사과', '평과', '沙果', 'apple'이 동의어인 것을 알고, 사과 정보를 검색할 때 이 단어들을 사용할 줄 안다고 해도 기계는 이 동의어가 구체적으로 무엇인지는 알지 못합니다.

물론 최근에는 센서를 이용해서 외부 사물을 인식하는 기계도 있지만(다음 장에서 설명하도록 하겠습니다), 대다수의 질문 응답 시스템은 말로 주어진 질문을 분석하고, 말로 적힌 정보 출처를 검색해서, 말로 된 답을 찾습니다. 즉 현재는 질문에 답하는 데 외부 세계를 살피는 일이 없이 언어의 세계에서만 완결되는 시스템이 대부분이지요. 이런 점에서 보면 이런 기계가 제대로 알고 답하는 것은 아니라는 의견이 있는 것도 이상한 일이 아닙니다.

그러나 우리는 무언가를 말할 때, 정말 실물을 본 적이 있는 것이나 구체적으로 아는 행위만을 말할까요? 조금만 생각해 봐도 반드시 그렇지는 않다는 것을 알 수 있습니다. 예를 들어 중학교 때 역사를 배운 사람은 "명량대첩의 조선 수군 장수는?"이라는 질문에 "이순신"이라고 대답할 수 있을 테지만, 요즘 시대에 '명량대첩'이나 '이순신 장군'을 직접 본 사람은 없지요.

즉 우리 인간도 직접 체험하여 알게 된 지식이 아니라 언어의 세계, 즉 말이나 글을 통해 배운 지식으로 이야기하는 경우가 꽤 많다고 할 수 있습니다. 만약 '실제로 체험해 본 적이 있는 일 = 이해하는 일'이라는 공식이 성립되면 우리의 세계는 지극히 비좁아질 겁니다. 우리가 태어나기 전에 끝난 시대나 가 본 적 없는 곳에서 일어난 사건 등 직접 체험한 적이 없는 일을 머릿속에 넣고 살 수 있는 것은 오직 말로만 주어진 지식 덕분이라고 할 수 있지요.

그럼 우리가 어떤 질문을 받고 오직 말로만 주어졌던 지식을 사용해서 대답할 경우, 그 대답의 정확성을 뒷받침하는 것은 무엇일까요?

첫째는 "믿을 만한 사람이 그렇게 말했다." 또는 "믿을 만한 문헌에 그렇게 쓰여 있었다."와 같은 정보 출처의 신뢰성일 겁니다. 앞서 이야기한 "명량대첩의 조선 수군 장수는 누구?"라는 질문에 "이순신"이 대답인 근거를 예로 들어 봅시다. 많은 사람이 "역사 교과서에 그렇게 적혀 있었으니까." 또는 "역사 선생님이 그렇게 가르쳐 주셨으니까."라고 말할 겁니다. 바로 이것이 기계의 질문 응답과 공통되는 신뢰도를 뒷받침하는 방식입니다(만약 여러분이 '교과서에서 명량대첩이라는 단어 가까이에 이순신이라는 인명이 있었던 것 같은 생각 때문에 이순신이 정답이다'라고 판단했다면, 보다 더 기계에 가까운 방식일 것입니다). 이러한 정보 출처의 신뢰성에 미루어 정확성을 판단하는 일이 살아가는 데 중요한 일임은 말할 것도 없습니다. 그런데 생각의 가지를 계속 뻗어 보면 이런 의문이 생깁니다. 그 '믿을 만한 사람'이나 '믿을 만한 문헌'은 무엇을 근거로 답의 정확성을 보증할까요? 만약 믿을 만한 사람이 더 믿을 만한 사람으로부터 정보를 들었다면, 더 믿을 만한 사람은 어디서 그 정보를 얻었을까요?

이렇게 생각하다 보면 끝없이 믿을 만한 사람과의 연결을 늘려 가는 일이 불가능하다는 것을 알게 됩니다. 어느 순간 '남에게 들은 정보를 믿는 게 아니라 직접 정확한 사실을 확인한 사람'을 마주하게 될 게 분명하기 때문이지요. 정확성을 확인하는 일은 어떤 말이 진실을 진술하고 있는지를 말(문장)과 바깥 세계와 대조해서 확인하는 일일 것입니다. 즉 어느 시점에서는 말과 바깥 세계가 서로 어떻게 대응하는지 살필 필요가 있습니다.[16]

그때 중요한 것이 '어떠한 경우에 말(문장)과 바깥 세계 사이의 대응이 성립되는지를 이해하는 일'입니다. 우리는 어느 문장의 내용을 이해할 때, 그 내용이 사실일 경우 바깥 세계가 어떻게 되어 있어야 하는지를 예측할 수 있습니다. 경험을 바탕으로 예측하는 것이지요. 게다가 다양한 조건이 정리되면 객관적인 리서치나 재현 가능한 실험에 따라 그 예측이 사실인지 아닌지를 스스로 확인할 수도 있습니다.

가령 스스로 확인할 수 없는 경우라도 예측만 가능하다면 어떠한 판단을 내릴 수 있게 됩니다. 예를 들어 그 예측이 이미 알고 있던 사실과 모순되는지 아닌지를 생각해 보거나, 정보 출처가 정말 충분히 믿을 만한지 여부를 검토함으로써 신빙성을 평가할 수 있지요. 특히 학문처럼 새로운 지식을 만들어 내고 축적하는 일에 있어서는 무언가가 참인지 거짓인지를 객관적으로 판단하는 것이 중요합니다. 그저 "잘 아는 사람이 그렇게 말했으니까 참이다."라고 판단하는 일은 피해야 합니다. 그 잘 아는 사람이 아무리 대단한 사람일지라도, 아무리 진실 가까이에 있었던 것처럼 느껴질지라도 말입니다.

'말의 세계를 벗어나지 않고 질문에 답하는 기계'와 '말의 세계를 벗어나지 않고 이야기할 때의 인간'의 가장 큰 차이가 여기에 있습니다. 바깥 세계를 경험할 수 없는 기계는 어떤 문장의 내용이 사실인 경우 바깥 세계가 어떻게 되어야 하는가를 예측할 방도가 없기 때문에 믿을 만한 문헌 속에서 구절 간 거리가 얼마나 가까운지 등과 같은 언어상 특징을 사용해 인간의 참-거짓 판단 능력에 다가설 수밖에 없는 것이지요.

그렇다면 말의 의미란 전부 말의 바깥 세계에 있을까요? 요즘에는 이미지 인식 연구가 발전함에 따라 "말뜻을 이해하는 일은 말과 이미지를 연결하는 일과 다름없다."라는 주장도 들립니다. 정말 그럴까요? 다음 장에서 함께 생각해 보도록 해요.

4장

올빼미 마을의 로봇 눈 기술을 알아내야 해!

말과 바깥 세계를 연결하는 능력

개미 마을을 뒤로한 족제비들은 점점 불안해지기 시작했어요. 개미들에게 당당하게 말하긴 했는데, '진짜 우리가 할 수 있을까?' 하는 걱정이 들기 시작했던 것이죠.

"진정한 의미에서 말을 이해하는 로봇을 과연 우리가 만들 수 있을까?"

"못 만들면 1년 동안 매일 떡 100개를 바쳐야 하는데. 정말 큰일이네."

"1년간 매일 떡 100개라니, 지출이 엄청날 거야. 지금 우리 마을엔 돈도 없는데 어떡해."

"하지만 만약 우리가 그런 로봇을 만들어 내면 매일 각설탕

100개를 받게 될 거야. 그걸 팔면 엄청난 돈이 되겠지."

"그나저나 진정한 의미에서 말을 이해한다는 건 어떤 일일까? 그걸 모르면 내기에서 이길 수가 없잖아. 도대체 말의 의미란 무엇일까?"

그때 개미 마을에서 본 너구리가 뒤따라와 이야기했어요.

너구리 "족제비 마을 여러분, 개미 마을과 내기를 하다니, 괜찮겠습니까? 지금 족제비 마을은 안 그래도 이래저래 정신이 없다고 들었는데요."

그 말을 듣자 족제비들은 그만 허세를 부리고 싶어졌어요.

족제비들 "다, 당연히 괜찮죠, 무슨 소리세요!"
너구리 "그렇다면 다행이고요. 아, 그러고 보니 요즘 올빼미 마을 올빼미들이 말뜻을 알아듣는 기계를 만들었다고 하던데요. 하지만 족제비 여러분께는 별 필요 없는 정보일 수도 있겠군요. 그럼, 또 봅시다."

족제비들은 떠나가는 너구리의 뒷모습을 가만히 바라보았습니다. 그리고 뒷모습이 시야에서 완전히 사라지자마자 누가 먼저랄 것도 없이 올빼미 마을을 향해 달리기 시작했어요. 도착하기까지 시간은 얼마 걸리지 않았는데, 막상 도착해 보니 마을 입구에는 아무도 없고 대단히 조용했어요. 족제비들을 맞이하는 건 키 큰 나무들뿐이었죠.

"아, 지금이 한낮이라 올빼미들은 다 자고 있겠구나."

"그럼 마을에 들어가 봤자 별수 없을 텐데. 어떻게 하지? 다시 돌아갈까?"

"기왕 온 김에 마을 안에 뭔가 단서라도 될 만한 게 있는지 찾아보고 가자. 말뜻을 이해하는 기계의 부품이나 만드는 방법이 적힌 종이 같은 게 떨어져 있을지도 모르잖아."

"맞아. 어차피 올빼미들은 자고 있으니까 그냥 들어가도 되겠지, 뭐."

족제비들은 올빼미 마을 안으로 발을 들여놓았어요. 그러자 갑자기 머리 위에서 소란스러운 삑-삑- 소리가 들리기 시작했답니다. 족제비들이 동시에 위를 올려다보자 거대한 그림자가 시야에 들어왔어요.

"우와, 엄청나게 큰 올빼미다!"

거대한 올빼미는 나무 위에서 족제비들을 내려다보며 기묘한 목소리로 이런 말을 반복했어요.

대형 올빼미 "족제비. 족제비. 족제비가 마을 정문에 들어왔습니다."

족제비들 "우와악, 뭐야 저게!"

족제비들이 겁에 질려 굳어 있는 사이 반대편 숲에서 잠옷을 입은 올빼미들이 줄줄이 걸어 나옵니다. 머리에는 낮잠용 수면 모자를 쓰고, 옆구리에는 베개를 끼고 나온 올빼미들은 족제비들을 보자마자 불같이 화를 내는군요.

올빼미들 "야 인마, 족제비 녀석들! 뭣 하러 왔냐! 대낮에 멋대로 남의 마을에 침입하다니, 아주 수상해!"

족제비들 "우린 낮에 깨어 있는 동물인데 수상은 무슨! 좀 가르쳐 줬으면 하는 게 있어서 왔어."

올빼미들 "가르쳐 줬으면 하는 게 있다고? 하하하, 족제비들이 꼴에 의문도 품을 줄 아나? 네 녀석들이 궁금해할 문제쯤이야 우리에겐 너무 간단해서 시시하기 짝이 없겠지만, 뭐 들어줄 테니 어디 한번 말해 봐라."

족제비들은 올빼미들의 거친 말투에 화가 났지만 개미들과의 내기를 떠올리고는 화를 꾹 참고 물었어요.

족제비들 "우리가 묻고 싶은 건 '말뜻을 이해하는 기계'에 대해서야."

올빼미들 "호오, 소문을 듣고 찾아온 모양이로군. 그래, 바로 저 녀석이지."

올빼미들은 말을 마친 후 나무 위에 있는 아까 그 대형 올빼미를 손가락으로 가리켰어요. 올빼미 한 마리가 잠옷 주머니에서 리모컨을 꺼내 버튼을 누르자 대형 올빼미가 나무 위에서 아래로 천천히 내려오네요. 자세히 보니 대형 올빼미의 머리 위에는 굵은 철사 줄이 달려 있었어요. 그 줄에 지탱해서 나뭇가지 위에 매달려 있었지요. 땅 위로 내려온 거대 올빼미를 보니 얼굴에는 커다란 눈이 둘, 가슴에는 커다란 모니터가 하나 붙어 있었어요.

족제비들 "이게 말뜻을 이해하는 기계야?"

올빼미들 "그래. 어디 한번 물어보자. 너희들은 말뜻이 뭐라고 생각해?"

족제비들 "그걸 몰라서 문제야."

그 말을 들은 올빼미들이 큰 웃음을 터뜨리네요.

올빼미들 "하하, 역시 족제비들은 무식하다니까."

족제비들 "뭐야?!"

올빼미들 "그런 걸로 고민한다는 것 자체가 무식하다는 증거야. 말뜻이란 당연히 '이미지' 아니겠어?"

족제비들 "이미지?"

올빼미들 "못 알아듣나? 아, 머리가 나쁜 건 참 불쌍한 일이야. 우린 말이지, 그 문제를 한참 옛날에 이미 해결해 냈거든. 그래서 말뜻을 이해하는 기계를 만들 수 있었지."

올빼미들은 대형 올빼미의 가슴에 달린 모니터 스크린을 가리키며 말을 이었어요.

올빼미들 "이 화면을 잘 봐."

대형 올빼미의 스크린에는 족제비들이 비쳐 있었어요. 그리고 놀랍게도 족제비들의 모습 뒤로는 '족제비'라는 문자가 떠 있었지요. 게다가 족제비들 뒤로 보이는 나무에는 '나무'라는 문자가, 바닥에 구르는 돌에는 '돌'이라는 문자가 붙어 있었어요.

그때였어요. 모두가 모여 있는 곳 뒤쪽에서 샤악─ 하는 소리가 들렸답니다. 뒤를 돌아보니 하늘다람쥐가 날아가고 있었어요. 그러자 대형 올빼미가 그쪽을 향해 이렇게 말합니다.

대형 올빼미 "하늘다람쥐. 하늘다람쥐. 하늘다람쥐가 날고 있습니다."

대형 올빼미의 모니터에는 하늘다람쥐의 이미지가 찍혔고, 그 위로 '하늘다람쥐'라는 문자가 떴어요.

올빼미들 "우리 기계는 이런 식으로 누가 마을에 접근하는지를 금세 구별해 내지. 무언가가 비치면 그게 무슨 동물인지까지 알아내거든. 동물뿐만이 아니야. 나무나 돌 같은 사물도 식별해 낼 수 있고, 심지어 무슨 일이 일어나고 있는지까지도 똑똑히 이해하고 우리에게 알려 준다고. 어때, 멋지지? 우리는 이 기계를 '올빼미 눈'이라고 불러."

올빼미들은 이 기계가 완성된 후로는 낮뿐만 아니라 밤에도 푹 잘 수 있게 되었다고 자랑했어요. 족제비들은 충격을 받았답니다. 왜냐하면 족제비들은 올빼미들을 머리가 좋은 척하지만 실제로는 아무것도 못하는 바보로 취급해 왔었기 때문이에요.

올빼미들 "카멜레온 마을과 개미 마을도 말을 이해하는 기계를 만들었다고 들었지만, 그런 건 눈속임에 지나지 않아. 왜냐하면 말뜻이란 건 현실 세계에 있는 거거든. 말을 이해한다고 자신 있게 말하려면 말을 현실 세계와 연결시킬 줄 알아야 해. 그렇지 않으면 의미가 없지. '나무'라는 말은 나무로 연결되어야 하고 '올빼미'라는 말은 우리 올빼미로 연결되어야만 해. 그러니까 말을 이해하는 건 오직 우리 기계뿐이야."

족제비들 "자신감이 너무 지나친 거 아니야?"

올빼미들 "말을 이해한다는 건 내가 본 걸 말로 표현할 수 있다거나, 어떤 말을 들으면 머릿속에 영상, 즉 이미지를 떠올릴 수 있다는 말이잖아? 달리 뭐가 더 있지? 있다면 어디 말해 봐."

족제비들은 뭐든 반박해 보려 했지만 대답할 말을 찾기가 어려웠어요. 점점 올빼미들의 말이 맞는 것처럼 느껴지기도 했죠. 하지만 동시에 못된 꾀가 나기도 해서 족제비들은 올빼미들이 듣지 못하도록 소곤소곤 이야기를 나누기 시작했어요.

족제비들 "저기, 우리 올빼미들을 치켜세워 주고 올빼미 눈에 탑재된 사물을 인식하는 기능을 받아 가는 게 어떨까? 그러면 말뜻을 이해하는 로봇도 금세 만들어 낼 수 있을 거야." "좋다, 그거." "찬성, 대찬성!"

족제비들은 올빼미들에게 말했어요.

족제비들 "멋있다, 정말. 어쩜 올빼미들은 이렇게 똑똑할까? 우린 이런 걸 만들어 볼 생각조차 못 했지 뭐야."

올빼미들 "그래?"

우쭐해진 올빼미들의 표정이 의기양양해지는군요.

족제비들 "그렇고말고. 우리도 이런 기계 한번 만들어 봤으면 좋겠다. 하지만 우리는 안 되겠지? 아아, 어쩌면 좋담."

올빼미들 "뭘 어쩌면 좋아?"

족제비들은 개미들과 한 약속 이야기를 꺼냈어요. 진정한 의미에서 말뜻을 이해하는 로봇을 만들어야 하게 된 이야기, 만약 만들지 못하면 개미들에게 1년 동안 매일매일 떡 100개씩을 주어야만 한다는 이야기, 하지만 반대로 만들어 내면 개미들로부터 많은 각설탕을 받을 수 있다는 이야기까지 전부 다 말이에요. 족제비들이 "1년 동안 매일매일 각설탕 100개씩"이란 말을 입에 담은 순간, 올빼미들은 일제히 눈을 빛냈죠.

올빼미들 "그 각설탕 얘기 진짜지? 만약 너희가 개미들의 각설탕을 우리와 반씩 나눌 의향이 있다면 우리도 너희를 도울게."

족제비들 "정말?"

올빼미들 "우리 기술로 말뜻을 이해하는 두뇌를 만들어 줄 테니까 그걸 가져가서 너희 로봇에 심으면 돼."

족제비들은 일이 뜻대로 되자 기뻤어요. 하지만 올빼미들은 이 말을 덧붙였어요.

올빼미들 "현재 시점에서 '올빼미 눈'이 인식할 수 있는 정보는 그리 많지 않아. 어떤 것이든 단어로 연결하려면 대량의 사진이 필요해. 예를 들어 '사과'의 뜻을 가르치려면 사과 사진이 적어도 1,000장은 필요해."

족제비들 "1,000장?! 그렇게나 많이?"

올빼미들 "그것도 적은 편이야. 어쨌든 하나의 단어에 1,000장 이상의 사진이 필요해. 사진을 모은 다음에는 꼭 각각의 사진 뒤에 대응되는 단어를 적어. 예를 들어 사과 사진 뒤에는 '사과'라고 적으란 말이야.

그리고 '하늘다람쥐가 난다'나 '올빼미가 나무에 멈춰 앉는다' 같은 상황을 가르칠 때도 사진이 많으면 많을수록 좋아. 그 사진들에도 꼭 뒷면에 어떤 상황을 찍은 것인지 적는 걸 잊으면 안 돼. 그렇게 되도록 많은 사진을 모아서 가져오면 기계가 말과 사진을 연결할 수 있도록 만들어 줄게."

족제비들은 서둘러 족제비 마을로 돌아가 다음 날부터 바로 사진을 모으기 시작했답니다. 사과, 복숭아, 오이, 호박 같은 음식과 집, 책상, 그릇, 옷 같은 물건 그리고 하늘, 산, 숲 같은 풍경 등 어쨌든 눈에 보이는 모든 것을 사진으로 찍기로 했어요. 하지만 단어 하나당 사진을 1,000장 넘게 모으는 건 생각보다도 훨씬 고된 일이었지요.

족제비들은 첫 번째 단어인 '사과' 사진을 몇 장 찍은 것만으로 벌써 지쳐 버렸어요. 처음에는 열의에 불타 나무에 달린 사과와 과일 가게에서 파는 사과 등 다양한 장소에 있는 사과를 찍었지만, 30장 정도 찍으니 슬슬 귀찮아지고 말았지요. 그래서 나머지는 대충 책상 위에 빨간 사과 하나를 올려 두고 970장을 연속으로 찍었답니다. 하지만 그렇게 대충 하는데도 지치긴 마찬가지였어요. 게다가 이렇게 친숙한 물건만 찍어도 되나 싶은 불안감이 스멀스멀 올라오기 시작했어요.

"저기, 우린 뭐든 다 아는 로봇을 만들어야 하잖아? 그럼 우리 주변에 있는 것만이 아니라 더 다양한 것들에 대한 말을 이해할 수 있게 만들어야 하지 않을까?"

"맞아. 그러려면 더 다양한 사진을 모아야만 해."

"있잖아, 사전에 실린 단어를 모조리 정리해서 하나하나 사진을 모아 보면 어떨까? 그러면 우리가 놓치는 단어가 적어지지 않을까?"

다들 이 의견이 좋은 아이디어라는 데는 동의했어요. 하지만 기계가 이해하는 말을 늘리려면 그만큼 사진을 모으는 일도 더 힘들어질 게 분명했어요.

"우린 벌써 지쳐 버렸는데 어쩌지. 다른 누군가에게 시킬 수는 없을까?"

"아, 그럼 사진가 족제비에게 의뢰하자. 프로니까 눈 깜짝할 사이에 사진을 찍어서 가져와 줄 거야!"

족제비들은 곧바로 족제비 마을 출신 카메라맨이자 세계적으로 유명한 사진가 족제~비~를 불러 작업을 의뢰했어요. 족제~비~는 거절하려 했지만 족제비들이 너무 끈질기게 들러붙는 바람에 보수를 많이 받는 조건으로 마지못해 의뢰를 승낙했지요.

며칠 뒤, 족제~비~가 보낸 대량의 사진들이 족제비 마을에 도착했어요. 사전에 있는 모든 단어를 나타내는 사진을 1,000장씩 찍었으니 실로 어마어마한 양이었답니다. 내용물을 살짝 보니 전부 다 예술적이고 훌륭한 사진들뿐이었어요.

"역시 프로야."

"'연인'을 나타내는 사진은 전부 같은 암컷 족제비의 사진이야. 족제~비~의 연인인가?"

"아마 그렇겠지? '사랑' 사진도 다 너무 좋다. 여러 동물들의 가족들이 함께 있는 사진이나 연인들이 함께 있는 사진들 말이야. 전부 사랑이 느껴지는 아주 좋은 사진들이야."

"와, 다들 '한밤중' 사진 봤어? 한밤중은 새까마니까 사진으로 표현하기 어려웠을 텐데 한밤중의 다양한 모습을 프레임에 담았어. 정말 근사하단 말밖엔 할 말이 없네."

족제비들은 족제~비~가 보내온 사진에 만족했어요. 하지만 얼마 지나지 않아 다시 불안감이 엄습했답니다.

"저기 말이야, 사전에 있는 단어만으로 충분할까?"

"괜찮지 않을까? 부족하려나?"

"사전에는 사물의 이름 같은 것들만 실려 있어서 말이야. 우리가 만들려는 건 뭐든 다 아는 로봇인데 사물 이름만으로는 부족할 것 같아. 상황을 나타내는 문장들의 뜻도 제대로 이해해야지. 올빼미들도 그런 말을 했었잖아."

"그럼 족제~비~에게 문장의 의미를 나타내는 사진도 찍어 달라고 할까? 마침 여기에 책이 많이 있으니까 눈에 띄는 문장은 모조리 보내 보자."

족제비들은 떨떠름해하는 족제~비~를 또다시 설득해서 추가 사진 촬영을 의뢰했어요. 족제~비~에게 건넨 문장의 수는 사전에 실린 단어의 수보다도 훨씬 많았어요. 그 문장들 가운데에는 이런 것도 있었죠.

"그리고 아무도 없었다."

"펭귄은 새입니다."

"눈이 없으면 스키를 탈 수가 없지."

족제비들은 족제~비~에게 각각의 문장을 나타내는 사진을 무조건 많이 찍어 달라고 부탁했어요. 하지만 지난번에는 빠른 시일 안에 사진을 납품했던 족제~비~도 이번에는 몇 가지 문장에 대해 "이건 힘들다"라고 말해 왔지요. 예를 들면 이런 것들이 었어요.

"걷는 만큼 살이 빠진다!"
"오늘 저녁은 카레나 햄버거로 할게요."
"풍뎅이는 오로지 돈만 생각한다."

족제비들도 족제~비~의 말이 이해가 갔어요.

"확실히 이런 건 사진으로 나타내기 어렵겠다."
"응. 오히려 만화로 나타내는 게 더 쉽지 않을까?"
"그럼 만화가 족제우 선생님에게 부탁할까?"

이렇게 사진으로 표현하기 어려운 문장은 족제비 마을 출신 인기 만화가인 족제우에게 의뢰해서 만화로 표현하기로 했습니다. 만화이되 되도록 사진처럼 그려 달라고 부탁했지요. 족제우는 연재 마감이 촉박하다는 이유로 거절했지만 아무리 거절해도 족제비들이 찾아와 집중을 방해하니 승낙을 안 하면 마감일을 지킬 수가 없을 것 같았어요. 그래서 하는 수 없이 원고료를 많이 받는 조건으로 의뢰를 받아들였답니다. 어려운 작업을 두 전문가에게 맡길 수 있어서 족제비들은 기분이 좋았어요.

"이렇게 일 잘하는 프로들에게 부탁했으니 안심이야. 이제 우리는 약속한 날에 올빼미 마을로 사진과 만화를 가지고 가기만 하면 되겠다."

그렇게 말한 족제비들은 약속한 날까지 아무것도 하지 않고 빈둥빈둥 놀며 시간을 보냈어요.

한편 올빼미 마을에서는 족제비들이 이미지를 모아서 가져올 날을 고대하고 있었답니다. 사실 올빼미들은 전부터 자신들이 만든 '올빼미 눈'의 완성도에 불만을 품고 있었어요. 지금보다 더 다양한 물체와 사물을 인식하게 만들어야만 한다고 느꼈던 거예요. 하지만 그러려면 대량의 이미지를 모아야 한다는 걸 우린 모두 알고 있죠?

올빼미들은 지금까지의 경험을 바탕으로 그 작업이 무척 힘든 작업이라는 걸 아주 잘 알고 있었어요. 그래서 족제비들을 잘 구슬려서 이미지 수집을 해 오도록 만들었던 것이죠. 심지어 족제비들에게 작업 보수를 줄 필요도 없었어요. 오히려 족제비들이 먼저 사례하겠다고 나섰으니 기쁘지 않을 수가 없지 않겠어요? 꿩 먹고 알 먹고, 세상에 이보다 신나는 일이 또 있을까요?

"족제비들은 자기들이 우리를 잘 구슬렸다고 생각했겠지?"

"정말 멍청한 녀석들이야. 귀찮은 일을 나서서 맡고도 우리에게 각설탕의 반을 주겠다니 말이야."

"우리가 지금 모으고 있는 이미지에 녀석들이 모아 오는 이미지를 합치면 양이 상당할 거야. 그걸로 올빼미 눈의 성능을 몇 배는 더 올릴 수 있겠지."

작업을 떠넘기고 놀고 있던 족제비들과 달리, 올빼미들은 약속한 날까지 하루도 거르지 않고 꾸준히 이미지 수집 작업을 계속해 왔답니다. 사물을 나타내는 이미지를 모을 때도 족제비들에게 말한 것과 같은 양, 그러니까 한 단어당 사진 1,000장을 모았어요. 사과 사진 1,000장의 뒷면에 '사과'라는 단어를 적어서 기계에 입력하면 기계는 사과 이미지의 특징을 학습합니다. 이런 학습을 거치면 처음 보는 사과 이미지에도 '사과'라는 단어를 붙일 수 있게 된답니다.

하지만 그러려면 아무 이미지나 무턱대고 모아선 안 되고, 균형 있게 모아야 해요. 그리고 여기서 말하는 '균형 있게'라는 말은 해당 단어가 나타내는 물체의 전체 모습과 변종이 포함되도록 신경을 쓴다는 의미예요. 사과 이미지를 모을 때를 예로 들면, 사과를 옆에서 찍은 사진만이 아니라 위에서, 아래에서, 측면에서 등 다양한 각도에서 찍은 사진을 포함해야 한다는 뜻이지요. 또 빨간 사과뿐만 아니라 초록 사과, 노란 사과처럼 다양한 색상의 사과를, 또 온전한 사과 한 알뿐만 아니라 자른 사과, 베어 문 자국이 남은 사과 등의 사진을 넣는 것도 잊어서는 안 됩니다.

올빼미들은 상황을 나타내는 이미지도 모으고 있었어요. 족제비들은 책이나 신문에서 문장을 골라내서 그것을 나타내는 이미지를 찍는(또는 그리는) 방법을 썼지만, 올빼미들은 달랐어요.

올빼미들은 우선 한 이미지를 찍고 거기에 찍힌 상황을 간단한 문장의 형태로 적었죠. 예를 들어 새가 날고 있는 이미지에는 "새가 산 위를 날고 있다.", "새가 하늘을 가로지르고 있다."와 같은 문장을 다섯 가지 정도 적어요. 나무들이 바람에 흔들리는 이미지에는 "나무들이 바람에 흔들리고 있다.", "강한 바람이 나무를 흔들고 있다."와 같은 문장을 적습니다. 이런 이미지와 문장 조합을 기계에 대량으로 제공하면 기계는 새로운 이미지를 보고 내용을 나타내는 문장을 만들 수 있게 되지요. 하지만 충분한 양의 이미지와 문장 조합을 모으기란 대단히 힘든 일이에요.

"족제비 녀석들, 이미지를 제대로 모아 오려나?"

"잘 하겠지. 우리 마을에서는 새끼 올빼미들도 할 만큼 간단한 일인걸. 오오, 마침 지금 도착한 모양이야."

수많은 족제비들이 각자 등에 커다란 보따리를 짊어지고 올빼미 마을 입구를 지납니다. 족제비 무리 뒤로는 보따리에 다 넣지 못한 사진과 만화를 잔뜩 실은 짐수레가 따라오는군요. 그 모습을 본 올빼미들은 뛸 듯이 기뻤답니다.

"녀석들 제법이야! 이렇게 짧은 시간 안에 저만큼이나 모아 오다니. 좋아, 어서 올빼미 눈에 입력해 보자."

올빼미들은 족제비들을 마을 광장으로 불렀어요. 광장 한구석에는 올빼미 눈 여섯 대가 일렬로 쭉 놓여 있었지요. 올빼미들이 광장을 둘러싼 나무 한 그루에 달린 버튼을 누르자 광장 한가운데에 커다란 구멍이 뚫렸어요.

"이 구멍은 여기 놓인 올빼미 눈 여섯 대의 두뇌와 연결되어 있어. 가지고 온 이미지를 이 안으로 전부 집어넣어. 그런 다음 올빼미 눈이 알아서 학습하기를 기다리면 돼."

족제비들은 그 말에 따라 땀을 뻘뻘 흘리며 보따리와 짐수레에 싣고 온 사진과 만화를 연이어 구멍 안으로 쏟아부었어요. 몇 시간이나 걸려 다 넣고 나니 광장의 구멍이 닫혔답니다. 이제는 올빼미 눈이 학습을 마치기만 기다리면 되겠군요. 지친 족제비들은 그 자리에서 모두 곯아떨어지고 말았답니다.

올빼미들도 족제비들의 작업을 끝까지 지켜보기 위해 잘 시간을 놓치고 오랫동안 낮을 샌 탓인지 해가 짐과 동시에 나무 위에서 잠들어 버렸지요. 곯아떨어진 족제비와 올빼미 모두를 깨운 것은 올빼미 눈이 울린 '학습 완료' 사이렌 소리였어요. 이미 아침 해가 높게 뜬 무렵이었답니다.

"학습이 끝났어!"
"좋았어, 어서 결과를 살펴보자."

올빼미들은 여섯 개 모둠으로 나누어 각각 올빼미 눈 한 대씩을 맡아 기계의 성능을 시험하기 시작했어요. 족제비들도 올빼미 눈이 어떻게 움직이는지 보려고 했지만, 올빼미들의 등에 가려져 잘 보이지 않았답니다.

그런데 갑자기 올빼미 한 무리가 몸을 부르르 떨었습니다. 그러고는 일제히 소리쳤죠.

1모둠 올빼미들 "이게 다 뭐야!"

올빼미들은 고개를 뒤로 홱 돌리고선 족제비들에게 무서운 눈빛을 쏘아 댔어요.

2모둠 올빼미들 "왜 이러지? 왜 우리 두 마리가 나란히 있는 모습에 '만담'이라고 뜨는 거야!"
3모둠 올빼미들 "여기선 우리 얼굴 클로즈업이 '한밤중'이라고 표시돼. 이게 어떻게 된 일이야?!"

4모둠 올빼미들 "여긴 우리가 그냥 비쳤을 뿐인데 '올빼미가 농 땡이를 부린다.'라고 뜨는군. 장난하냐?!"

5모둠 올빼미들 "왜 태양을 보고 '가능성'이란 단어를 말하는 거지? 도무지 영문을 모르겠어!"

6모둠 올빼미들 "야 인마들아! 내가 날개를 펼친 모습이 '중2병' 이라고?! 똑바로 안 해?!"

올빼미들이 분노에 타오르는 얼굴로 족제비들을 돌아보자 족 제비들은 다급히 말했어요.

족제비들 "그건 우리 잘못이 아니야!"

올빼미들 "아니, 완전히 너희 잘못이야! 전에는 이런 이상한 말 을 하지 않았다고. 다들 좀 더 시험해 보자. 족제비들 중에 아무 나 하나 나와서 기계 앞에 서."

마을 주민 센터에서 일하는 공무원 족제비가 '올빼미 눈' 앞에 섭니다. 그러자 모니터에 공무원 족제비의 모습과 함께 '연인'이 라는 문자가 뜨는군요.

올빼미들 "연인?! 뭐 하자는 거야, 지금!"

족제비들 "우리는 모르는 일이라니까!"

올빼미들 "아니, 너희들 잘못이 맞아. 새로운 사진을 넣기 전에는 '족제비'라고 바르게 대답했었으니까!"

올빼미들과 족제비들이 말싸움을 벌이는 사이, 타박타박 소리를 내며 다가오는 동물이 있었어요. 펭귄인 것 같군요.

펭귄 "엉? 여긴 올빼미 마을인가? 길을 잃었나 보군. 잠시 실례했습니다. 그럼 이만!"

올빼미들은 인사하고 떠나려는 펭귄을 붙잡아 '올빼미 눈' 앞에 서게 했어요. 그러자 모니터에 비친 펭귄의 모습 위로 '펭귄'이라는 문자가 뜨네요.

올빼미들 "오오! 이건 잘 나온다!"

그러나 기쁨도 잠시, 모니터에는 '펭귄'에 이어 '은 새입니다.'라는 문자가 뜹니다.

올빼미들 "뭐? '펭귄은 새입니다.'라니? 아무도 안 물어본 질문에 웬 답이야!"

그때 까마귀가 하늘을 날아갑니다. 올빼미 눈 한 대가 하늘을 보더니 가슴 모니터에 푸른 하늘과 하얀 구름, 그리고 그 앞을 가

로지르는 까마귀의 모습을 담았어요. 그 영상 위에는 다음과 같
은 문장이 표시되었지요.

산은 오직 까마귀만 생각하네.

올빼미들 "아아, 또 바보 같은 소리를 지껄이잖아! 그만하자!
이 족제비 녀석들아. 다 너희 책임이다. 다시 광장의 구멍을 열
테니 너희가 집어넣은 이미지를 확인하고 어떻게 이런 일이 벌
어졌는지 똑바로 조사해! 분명히 이상한 이미지가 섞였을 테
니까!"
족제비들 "그런 거 하기 싫어! 귀찮단 말이야!"
올빼미들 "시끄러워! 하라면 해!"

올빼미들은 날카로운 발톱을 내보이며 위협했어요. 족제비들
은 하는 수 없이 광장에 열린 구멍 안으로 들어가 대량의 사진과
그림들 속을 헤집어 가며 조사했지요. 하지만 올빼미들이 말하는
'이상한 이미지'는 도통 찾을 수가 없었어요. 올빼미들은 그럴 리
가 없다며 구멍 안으로 내려와 직접 이미지를 살피기 시작했답
니다. 그때 젊은 수컷 올빼미 한 마리가 사진 한 장을 집어 들고
는 말했어요.

수컷 올빼미 "야, 이 사진 뭐야?"

멋진 오픈 카페에서 찍힌 사진에는 한 암컷 올빼미가 날개를 펼치고 고릴라 소녀 옆자리에 놓인 숄더백을 잡으려는 모습이 담겨 있었어요. 그리고 사진 뒷면에는 "올빼미가 고릴라의 가방을 훔치고 있다."라는 문장이 적혀 있었지요.

수컷 올빼미 "왜 이런 문장을 붙였지? 이건 지난번 데이트 때 내 여자 친구가 카페에 두고 나온 가방을 가지러 갔다가 찍힌 사진 같은데! 훔치긴 뭘 훔친다는 소리야!"
족제비들 "그런 속사정까지 알 게 뭐야! 그 말만 안 듣고 보면 딱 훔치는 것처럼 보이잖아!"
수컷 올빼미 "이 자식들이, 지금 내 여자 친구한테 도둑 꼬리표를 붙이겠다는 거야!"

다른 이미지를 보고 있던 올빼미들도 입을 모아 불평하는군요.

"이거 이상해! 그리고 저것도!"

올빼미들이 이상하다고 지적한 이미지 중에는 이런 것들이 있었어요.

아무도 없는 광장, 사막, 해안을 찍은 풍경 사진.
붙인 문장 — "그리고 아무도 없었다."

스키를 안고 있는 동물과 푸른 산을 찍은 풍경 사진.
붙인 문장 — "눈이 없으면 스키를 탈 수가 없지."

뚱뚱한 곰이 걷는 모습과 옆을 가리키는 화살표 쪽에 마른
곰이 걷고 있는 모습을 그린 만화.
붙인 문장 — "걷는 만큼 살이 빠진다!"

정중앙에서 분할된 이미지, 왼쪽에는 카레를 먹는 족제비
가, 오른쪽에는 햄버거를 먹는 족제비가 그려진 만화.
붙인 문장 — "오늘 저녁은 카레나 햄버거로 할게요."

앞다리 두 개를 꼬고 있는 풍뎅이를 그린 만화. 머리 위에
구름 모양 말풍선이 있고, 말풍선 속에는 돈 그림이 그려
져 있다.
붙인 문장 — "풍뎅이는 오로지 돈만 생각한다."

올빼미들 "이거나 저거나 전부 이상한 이미지에 이상한 문장
들뿐이야! 이러면 기계가 이상해지는 게 당연하다고!"
족제비들 "무슨 소리야? 전혀 이상할 게 없는데!"

올빼미들 "그럼 이 이미지는 뭔데?"

족제비들 "뭐긴, 당연히 뒷면에 적은 대로 '오늘 저녁은 카레나 햄버거로 할게요.'지!"

올빼미들 "웃기네! 왼쪽 방에 카레를 먹는 녀석이 있고, 오른쪽 방에 햄버거를 먹는 녀석밖에 더 있어?!"

족제비들 "너희들 상상력이 부족해서 그렇게 보이는 거야! 그럼 반대로 묻자. 대체 '오늘 저녁은 카레나 햄버거로 할게요.'를 이미지로 달리 어떻게 나타낼 수 있겠어?"

올빼미들 "그런 걸 이미지로 표현해 낼 수 있을 턱이 있냐! 애당초 표현할 필요도 없다고!"

족제비들 "지난번엔 '말뜻이란 당연히 이미지'라더니? 지금 한 말대로면 세상 모든 걸 어떻게 이미지로 나타낼 수 있겠냐?"

올빼미들 "그렇게 말꼬리만 잡으시겠다? 시끄러워, 이 멍청한 족제비 녀석들아!"

족제비들 "그렇게 나오시겠다?! 이 거짓말쟁이 올빼미들이!"

결국 광장 구멍 속에서는 대규모 난투극이 벌어지네요. 올빼미도, 족제비도 모두 다 구멍 속으로 뛰어들어 수많은 사진과 만화에 파묻혀서 서로에게 주먹을 휘두르는군요.

그때 딱따구리 한 마리가 광장으로 날아와 나무를 쪼기 시작했어요. 그 부리는 결국 광장의 구멍을 닫는 버튼을 눌러 버리고 말았지요. 구멍의 뚜껑이 조금씩 닫혀 가도 싸움에만 정신이 팔린 족제비들과 올빼미들은 아무도 알아차리지 못했어요. 결국 광장의 구멍은 족제비들과 올빼미들을 가둔 채로 꽉 닫혀 버렸답니다.

딱따구리가 날아서 자리를 뜬 후, 광장에는 올빼미 눈 여섯 대만이 조용히 서 있었어요. 여섯 대의 가슴에 달린 모니터에 아무도 없는 광장이 담깁니다. 그리고 그 위로 이런 문장이 뜨는군요.

그리고 아무도 없었다.

똬리를 튼 뱀과 도넛, 어떻게 구별할까:

기계의 영상 인식

우리의 눈이 얻어 내는 시각 정보는 우리 주변에 무엇이 있고, 어떤 사건이 일어나고 있는지를 자세히 가르쳐 줍니다. 우리는 시각 정보를 통해서 '고양이가 자고 있다', '자동차가 달리고 있다', '새가 날고 있다'처럼 주변 상황을 인식할 수 있지요. 예컨대 지금 눈앞에 있는 고양이나 자동차, 새가 처음 보는 개체더라도 우리는 그것이 '고양이', '자동차', '새'임을 알 수 있으며, 동시에 '개', '사람', '비행기'가 아닌란 것을 알 수 있습니다.

1장에서도 이야기했듯이 무언가를 인식하는 행위에는 새롭게 얻은 정보를 원래 가지고 있던 카테고리(같은 종류인 것들의 집합)에 적절히 분류해 넣는 일도 포함됩니다. 시각 정보 인식도 마찬가지인데, 예컨대 지금 보이는 것을 '고양이', '개', '인간', '자동차'와 같은 카테고리로 분류할 필요가 있습니다. 이때 무시해야 할 차이는 무시하고, 무시해서는 안 되는 차이는 무시하지 않아야 합니다. 예를 들면 지금 보이는 것을 '고양이'로 분류한다면, 눈앞의 고양이가 취한 자세나 각도에 따라 보이는 모습의 차이, 고양이마다 다른 개체 차이 등은 무시해야 하지만, 다른 동물이나 물체와의 차이는 무시하면 안 됩니다.

우리는 고양이를 보고 무의식적으로 고양이라고 인식할 수 있습니다. 그러나 이것이 기계에게는 오랫동안 어려운 과제였습니다. 기계가 이미지나 영상과 같은 시각 정보를 인식하는 과제를 우리는 '이미지 인식' 또는 '영상 인식' 등으로 부릅니다.

그중에 '물체 카테고리 인식'이라고 부르는 것이 있는데, 기계에 이미지를 비춰 주고 무엇이 비치는지를 대답하게 만드는 과제를 말합니다. 이 과제는 오래전부터 연구되어 왔지만 좀처럼 성과가 없었습니다. 그 주된 이유로 위에서 말한 "무시해야 할 차이를 무시하고, 무시하면 안 되는 차이를 무시하지 않는다."라는 조건이 대단히 어렵다는 점을 들 수 있지요.

그런데 최근 들어서 겨우 문제가 해결될 조짐이 보이기 시작했습니다. 기계 학습 방법 중 하나인 심층 학습(딥 러닝) 덕분입니다. 심층 학습은 이미지 인식뿐만 아니라 1장에서 다루었던 음성 인식이나 그 밖의 과제에도 적용되면서 눈부신 성과를 올리고 있습니다. 심층 학습은 대체 어떤 것일까요?

심층 학습의 출발점:
인공 신경망 엿보기

심층 학습의 기본은 '신경망(뉴럴 네트워크)'에 있습니다. 신경망이란 신경세포(뉴런)를 본뜬 계산 단위를 연결한 것인데, 이를 이해하는 데 생물학적 지식은 필요치 않습니다. 아래 그림은 신경망 연구 초기에 제안된 단순한 계산 모델을 나타낸 것으로, 보시는 대로 곱셈과 덧셈, 그리고 수의 비교만으로 구성되어 있습니다.

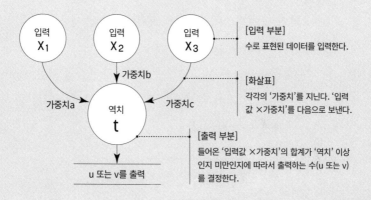

요즘에는 위와 같은 것을 '(계산) 모델'이라고 부르는데, 1장에서 설명했던 '함수'와 같은 것으로 생각해도 무방합니다. 위의 모델은 결국 다음 함수와 동일하기 때문입니다.

X1, X2, X3를 입력값으로 해서

$(X1 \times a) + (X2 \times b) + (X3 \times c) \geqq t$일 경우, u를 출력하고,

$(X1 \times a) + (X2 \times b) + (X3 \times c) < t$일 경우, v를 출력하는 함수

어떻게 이런 간단한 모델로 지적인 과제를 수행하는지 구체적인 예를 살펴봅시다. 이미지 인식의 기본 과제 중 하나로 사람이 손으로 쓴 숫자나 문자 등을 인식하는 것이 있습니다. 여기에서는 알파벳 대문자인 'L'과 'I'를 식별하는 신경망 모델을 만들어 봅시다. 컴퓨터상에서 표시되는 이미지는 색이 들어간 모눈(픽셀)이 많이 모여서 형성되는데, 여기에서는 문제를 간단히 살펴보기 위해서 다음과 같이 세로 3칸, 가로 3칸으로 이루어진 총 9칸의 이미지를 생각해 보도록 하겠습니다. 각 칸의 색은 흰색 혹은 검은색으로만 정해 두겠습니다. 설명을 위해서 칸마다 X1~X9라는 이름을 붙여 봅시다.

X_1	X_2	X_3
X_4	X_5	X_6
X_7	X_8	X_9

자, 몇 명의 지인들에게 "칸을 까맣게 칠해서 <L>이나 <I>를 나타내 봐."라고 부탁했더니 다음과 같은 이미지를 만들어 주었다

고 가정해 봅시다. 이미지 ①과 ②는 'L'로 분류하고 ③과 ④는 'I'로 분류하겠습니다.

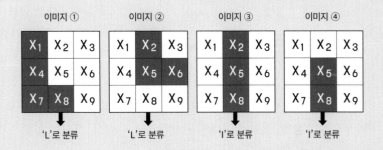

이미지 ①　　이미지 ②　　이미지 ③　　이미지 ④

'L'로 분류　　'L'로 분류　　'I'로 분류　　'I'로 분류

1장 해설에서도 설명한 것처럼 이러한 데이터를 기계로 다루려면 우선 '숫자(의 조합)'로 변환해야 합니다. 9개의 모눈을 모두 가로로 정렬한 다음 하얀색 모눈을 0, 검은색 모눈을 1로 나타냅니다. 그렇게 하면 예컨대 이미지 ①은 아래와 같은 '숫자 조합'으로 변환됩니다.

이미지 ①

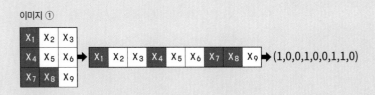

동일한 변환을 통해 이미지 ②~④에서도 각각 다음과 같은 숫자 조합을 얻을 수 있습니다.

이미지 ② (0,1,0,0,1,1,0,0,0)

이미지 ③ (0,1,0,0,1,0,0,1,0)

이미지 ④ (0,0,0,0,1,0,0,1,0)

이제 다음과 같은 신경망 모델을 준비합니다. 입력 부분이 총 아홉 개 있지요. 여기에 위에서 본 각 이미지를 나타내는 '숫자 조합'의 수를 하나씩 넣습니다. 신경망 모델에 들어가는 '가중치'와 '역치' 등은 일단 임시로 대충 정해서 넣습니다. 여기서는 입력 부분부터 출력 부분을 연결하는 화살표의 가중치를 임시로 전부 '1'로 정해 봅시다. 출력 부분의 역치는 '3.5'로 두고 출력 부분에 들어온 수가 역치 이상일 경우는 '1'을, 그렇지 않을 경우는 '0'을 출력하게 합니다. 그리고 '1'이 출력되면 '이미지가 L로 인식되었다'로, '0'이 출력되면 '이미지가 I로 인식되었다'로 생각하기로 합니다.

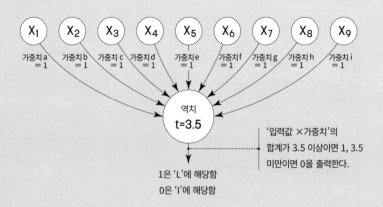

이 같은 모델에 이미지 ①을 나타내는 숫자 조합을 입력하면 다음과 같아집니다.

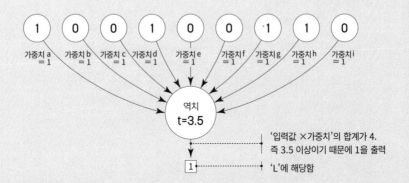

'입력값 ×가중치'의 합계가 4. 즉 3.5 이상이기 때문에 1을 출력

'L'에 해당함

아홉 군데 입력 부분에서 출력 부분으로 보내지는 수는 $(1×1)+(0×1)+(0×1)+(1×1)+(0×1)+(0×1)+(1×1)+(1×1)+(0×1)$의 답, 즉 4입니다. 출력 부분은 이것을 역치인 3.5와 비교합니다. 4는 3.5 이상이기 때문에 출력 부분은 '1'을 출력합니다. 이것은 앞서 정했던 대로 '이미지가 L로 인식되었다'에 해당합니다. 즉 이미지 ①은 이 모델로 잘 진행된 셈입니다.

'I'를 나타내는 이미지 ③, ④도 잘 진행됩니다. ③ 및 ④의 숫자 조합을 입력하면 출력 부분에는 각각 3과 2가 보내집니다. 둘 다 역치인 3.5보다 작기 때문에 출력 부분은 '0'을 출력해서 '이미지가 I로 인식되었다'가 됩니다.

그러나 'L'을 나타내는 이미지 ②에서는 문제가 발생합니다. ②를 위 모델에 넣으면 출력 부분으로 보내지는 수는 3입니다. 이러면 출력 부분은 '0'을 출력해서 이미지를 'I'로 인식하고 말지요. 하지만 원래 위의 모델은 '임시로' 정한 것이었으므로 오류가 생겨도 당연합니다.

그럼 어떻게 하면 좋을까요? 신경망 모델에서 화살표의 가중치와 출력 부분의 역치를 늘리든 줄이든 조정해서 올바른 출력이 나오도록 만들면 됩니다. 지금 전부 '1'인 화살표의 가중치 중, 왼쪽에서 여섯 번째 화살표의 '가중치 f를 '2'로 한번 늘려 볼까요?

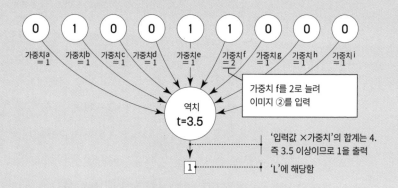

이 모델에서는 출력 부분이 이미지 ①~④를 각각 4, 4, 3, 2라는 숫자로 받아들입니다. 이미지 ①, ②는 3.5 이상이므로 'L', 이미지 ③, ④는 3.5 미만이므로 'I'로 식별되지요. 따라서 L 이미지와 I 이미지가 잘 식별되었습니다!

하지만 마냥 기뻐할 수만은 없습니다. 만약 이 모델로 다시 다음과 같은 이미지를 각각 'L'과 'I'로 식별하는 새로운 작업을 수행해야 할 경우는 어떻게 될까요?

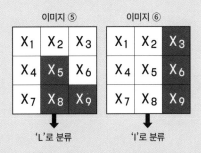

이미지 ⑤   이미지 ⑥

'L'로 분류   'I'로 분류

지금 모델에서는 출력 부분이 이미지 ⑤를 3, 이미지 ⑥을 4라는 숫자로 받아들이게 됩니다. 그러면 각각 'I'와 'L'이 출력되겠지요. 즉 이미지 ⑤는 'I', 이미지 ⑥은 'L'이 되므로, 우리가 바라는 결과와 정반대 결과를 불러옵니다. 이에 대처하기 위해서는 화살표의 가중치와 출력 부분의 역치를 한번 더 바꾸어 볼 필요가 있습니다. 두 값을 바꾸어 가며 가장 좋은 값을 찾아낸다면 보다 똑똑한 모델을 만들 수 있을 겁니다. 이렇게 모델에게 많은 예제를 제공해서 최대한 정답이 출력되도록 가중치를 조정하는 일이 신경망 네트워크의 학습입니다.

하지만 위와 같은 입력과 출력을 직접 연결한 모델에는 한계가 있습니다. 예를 들어 'L'을 'I'와 구별할 뿐만 아니라 'T'나 'F' 등 다른 문자와도 구별해야 한다는 점까지 생각하면, 위와 같은 단순한 모델에서 아무리 가중치나 역치를 바꾼들 잘 식별해 내지 못하는 결과가 나올 겁니다.

그럴 경우, 입력 부분과 출력 부분 사이에 '중간 부분'을 만들어서 복수의 뉴런을 두면 잘 진행되기도 합니다. 왜냐하면 중간 부

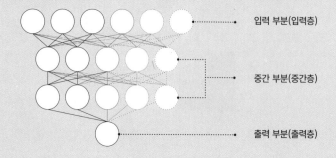

입력 부분(입력층)

중간 부분(중간층)

출력 부분(출력층)

분의 각 뉴런이 역할을 담당할 가능성이 생기기 때문입니다. 예를 들면 알파벳 이미지를 식별할 때 '전체 모눈에서 차지하는 검은 모눈의 비율'을 아는 뉴런, '세로줄'을 찾아내는 뉴런, '가로줄'을 찾아내는 뉴런과 같이 역할을 분담해서 그 결과를 출력 부분으로 보내면 보다 세세한 식별이 가능해질지도 모릅니다(이때 각 뉴런의 출력은 지금까지처럼 '역치와 비교해서 두 개의 숫자 중 하나를 반영한다'가 아니라 '입력된 숫자에 따라서 자연스러운 숫자를 반영한다' 등과 같이 다른 출력 방식으로 바꿀 수도 있습니다).

또한 위의 그림과 같이 '중간 부분'의 층('중간층' 혹은 '은닉층'이라고 부릅니다)을 복수로 쌓으면 가능성이 더욱 확대됩니다. 일반적으로 심층 학습이라고 하면 기계에게 중간층을 두 개 이상 가진 모델을 학습시키는 것을 말합니다.

심층 학습 때는 위쪽 층에서 얻은 결과를 다음 층에서 사용할 수 있습니다. 예를 들면 중간 부분의 가장 첫 층에서 먼저 이미지 속 '선'을 식별하면, 다음 층이 그 결과를 이용해서 선이 조합되어 생긴 '각'이나 '윤곽'을 식별하는 겁니다.

심층 학습의 재미있는 점은 인간이 사전에 "이 층(또는 뉴런)에는 이런 역할을 분담시키자." 하고 정해 놓을 필요가 없다는 점입니다. 또 인간이 미리 데이터의 중요한 특징을 추출해서 기계에 제공할 필요도 없습니다. 그런 사전 작업 없이도 학습이 잘 이루어지면 기계는 '저절로' 알아서 할 수 있게 됩니다.

심층 학습의 위력은 2012년, 1천 종류의 물체를 대상으로 하는 물체 카테고리 인식 과제인 ILSVRC(Imagenet Large Scale Visual Recognition Challenge, 국제 이미지 인식 경연 대회)에서 비약적으로 높은 인식 달성도를 선보이며 널리 알려지게 되었습니다.[17] 심층 학습이 어떻게 이렇게 잘 이루어지는지에 대해서는 아직까지 정확히 알려지지 않았습니다.[18]

그러나 심층 학습에 따른 이미지 인식 정도는 해마다 계속 향상하고 있으며, 물체 카테고리 인식보다 더 발전된 과제에 응용될 날이 기대되고 있습니다. 더 발전된 과제에는 이미지나 영상을 보고 그 내용을 설명하는 문장(캡션)을 생성하는 과제, 문장을 가지고 이미지를 생성하는 과제 등이 있습니다. 모두 현시점에서는 어려운 과제이지만 현재 활발히 연구하고 있으니 언제 어디서든 돌파구가 열릴 가능성이 있습니다.

하지만 언제든 눈에 보이는 사물에 대해서 적절한 말을 붙일 줄 알고, 동시에 말에 대해서 적절한 이미지를 그려 낼 줄 아는 기계가 등장한다면 우리는 그 기계가 말을 이해한다고 말할 수 있을까요?

인공 신경망이란?

-감수자 보충 설명

우리가 현재 주로 사용하고 있는 컴퓨터는 '디지털 컴퓨터'라는 유형입니다. 즉 주어진 자료를 '0'과 '1'이라는 두 가지 신호로 변환하여 연산하는 기계입니다. 디지털 컴퓨터는 연산 속도가 빠르다는 장점이 있지만 방대한 수를 일시에 처리하는 일에는 한계가 있습니다. 특히 체스, 바둑과 같이 복잡한 '경우의 수'를 계산해야 하는 경우, 시각이나 음성 정보처럼 100% 정확한 답이 아니라 "이 모양은 도넛이 아니라 똬리를 튼 뱀 같다."와 같이 '그럴법한 개연성'을 구해야 하는 경우, 그리고 논리적 추론을 내리는 일은 디지털 컴퓨터가 넘어서기 어려운 숙제입니다.

이러한 한계를 극복하기 위해 도입한 방법이 바로 인공 신경망입니다. 인공 신경망이란 인간 뇌의 구조와 활동 원리를 컴퓨터에 소프트웨어적으로 구현한 방식입니다. 우리의 뇌는 약 1,000억 개의 뉴런으로 이루어져 있는데 각 뉴런은 나무줄기와 같은 기다란 신경섬유에 여러 개의 가지가 뻗어 있는 모습을 하고 있습니다. 이 뉴런들이 서로 거미줄처럼 얽혀서 기억, 연상, 판단, 추론 등의 일을 해내는 것입니다.

뉴런의 연결이 복잡할수록(연결 부위를 시냅스라 하는데, 시냅스의 수는 100조 개를 헤아림), 연결망을 자극하는 시간이 길게 또 자주 주어질수록 뇌의 작용이 더욱 활발해집니다. 또 일정한 수준

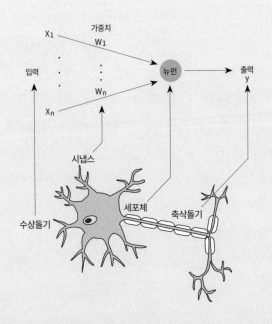

의 자극(연결 강도, 역치)이 주어져야 연결망이 비로소 활성화되는 특성을 갖습니다.

위의 그림은 인공 신경망 모델을 가장 간단하게 나타낸 것으로, 이를 더 복잡하고 다양하게 확장시키면 디지털 컴퓨터에서 해낼 수 없었던 높은 수준의 음성 인식, 시각 이미지 판단, 논리 추론, 게임의 승부 확률 계산을 능숙하게 할 수 있는 것입니다. 난공불락으로 여겨지던 바둑 게임에서 인간계 최고인 이세돌 기사를 이겨 세계를 놀라게 했던 알파고(AlphaGo) 역시 인공 신경망 개념을 프로그램으로 도입한 성과로서, 디지털 컴퓨터의 한계를 넘어설 가능성을 보여준 시례입니다.

그렇지만 인공 신경망 컴퓨터가 발전한다고 해서 인간의 마음 전체를 아우른다고 할 수는 없습니다. 인간의 마음이란 '계산이나 판단'만이 전부가 아닙니다. '감정', '동기(의욕, 욕구)'도 마음의 일부라 할 수 있습니다. 알파고가 아무리 바둑을 잘 둔다고 해도 '승리감'을 느끼지는 못하는 상태이며, 이세돌 기사에게 한 판을 졌을 때 소위 '떡수'를 두면서 "화가 난다."라거나 "아직은 겸손해야겠다. 그렇지만 다음에는 반드시 이기고 싶다."라는 의욕을 느꼈으리라고 할 수는 없을 테니 말입니다. 게다가 이 책은 아직 '판단'의 영역에서도 사람의 수준까지 오기가 쉽지는 않다고 솔직하게 말하고 있습니다.

도넛과 뱀 똬리 구분, 겨우 이 정도?:
이미지·영상 표현력의 한계

앞 장에서 살펴본 것처럼 말을 이해하는 데 '말과 말의 바깥 세계를 연결하는 일'이 중요한 요소임은 틀림없습니다. 그러한 연결 짓기를 인식할 수 있는 능력은 말을 이해하기 위한 필요조건이지요. 그러나 과연 한 걸음 더 나아가 "말을 이해한다는 건 말과 바깥 세계의 것들(혹은 그 시각적 이미지)을 연결하는 일과 다름없다."라고도 말할 수 있을까요?

실제로 이미지 인식의 정확도가 크게 높아지면서 여기저기에서 "드디어 기계가 말을 이해할 수 있게 되었다."라는 목소리가 들려옵니다. 그런 관점에서는 이미지와 영상에 적절한 말을 붙일 수 있고, 동시에 말에 적절한 이미지나 영상을 그려 낼 수 있는 일이 말을 이해하는 일과 동일시되고 있음을 알 수 있지요.

하지만 그런 관점에 대해 다양한 반론이 나올 수 있습니다. 우선 그 견해에는 '말은 전부 눈에 보이는 구체적인 것을 가리킨다'라는 전제가 깔리는데, 이는 명백히 틀린 전제입니다. 사람은 누구라도 가치, 목적, 사랑, 권리, 아름다움, 무(無) 등과 같이 눈에 보이지 않는 추상적인 무언가를 가리키는 말을 떠올릴 수 있습니다. 우리는 말을 통해 그런 추상적인 것들을 이야기할 수 있지요. 그러나 추상적인 말들은 이미지나 영상으로는 파악할 방법이 없습니다.

물론 추상적인 말을 듣고 무언가 구체적인 심상*을 떠올릴 수는 있습니다. 마음에 떠오르는 이미지를 말뜻과 동일시하는 관점은 예부터 존재해 왔습니다. '의미의 심상설(心像說)'이라고 하는데, 프레게나 비트겐슈타인 같은 철학자들에 의해 꾸준히 비판되었지요. 비판 내용은 이이다 타카시가 1987년에 쓴 저서[19]에 자세히 설명되어 있는데, 그중 비교적 이해하기 쉬운 지적을 예로 든 내용 하나를 살짝 소개합니다.

---

* 心像, 마음속에 떠오르는 감각적 영상. 어떤 장면, 소리, 피부 감각, 맛, 냄새 등 오감의 이미지를 말한다.

"추상적인 말을 구체적인 심상으로 연결 지으면 반드시 무언가 쓸데없는 요소가 끼어들게 된다."라고 합니다. 예를 들면 '무(無)'는 '아무것도 존재하지 않는 것'이기 때문에 어떠한 이미지로 연결 지어 이해하려고 드는 시점에서 모순이 생기지요. 우리가 떠올릴 수 있는 것이라고는 고작 흰색이나 검은색, 회색 중 하나로 칠한 평면 이미지 정도일 텐데, 여기에 실질적으로 '색'이나 '면'과 같은 쓸데없는 요소가 끼어들기 때문에 '무'라는 말과 연결할 수가 없게 됩니다. 해당 이미지와 '무'를 연결한다면 '무'와 '한 가지 색으로 칠해진 면'을 구별할 수 없게 되기 때문입니다. 또한 이이다 타카시의 저서에서는 '수(數)'의 예도 등장합니다.

예를 들어 '5'라는 숫자를 시각적 심상과 연결 지으려고 할 때 우리는 '5개의 사과'나 '5개의 점' 따위와 연결 지을 수밖에 없는데, 사과나 점 같은 물체나 그 물체들의 배치 등은 '5'라는 숫자 그 자체와는 관계가 없지요. 이렇게 무관한 요소들을 완전히 배제하고 '무'가 나타내는 관념이나 '5'가 나타내는 수를 순수한 심상으로 그리기란 불가능합니다.

추상적인 말 중에도 우리에게 비교적 더 친밀한 단어들이 있습니다. 예를 들어 '사랑'을 떠올리면 부모가 자식을 껴안고 있는 심상, 두 연인이 손을 잡고 있는 심상 등등 얼마든지 다양한 장면을 머릿속에 떠올릴 수가 있지요.

하지만 우리가 사랑의 존재를 느끼는 순간은 그러한 장면들에 한정되지 않을뿐더러, 그러한 장면에서 꼭 사랑을 느낀다고도 장담할 수는 없습니다. 즉 우리가 떠올린 심상은 사랑 그 자체가 아닌, 사랑의 존재에서 얻는 부가적인 장면들 중 하나에 지나지 않는 셈입니다. 만약 이런 구체적인 이미지와 '사랑'이라는 말을 연결 짓는 능력을 '사랑'이란 단어의 말뜻을 이해하는 일로 본다면 '사랑'이라는 단어의 말뜻과 "부모가 자식을 껴안는다.", "두 연인이 손을 잡는다."같은 문장의 말뜻이 구별되지 않을 겁니다.

위와 같이 반론해도 "처음부터 눈에 보이지 않는 무언가를 나타내는 말은 제외하면 된다. 그 외의 것들은 대체로 이미지로 나타낼 수 있으니 괜찮지 않은가."라는 의견에 부딪힐 수 있습니다. 그러나 명백히 추상적인 것이 아니더라도 이미지로 다 파악할 수 없는 말과 개념은 셀 수 없이 많습니다.

'조직'이란 단어는 어떨까요? 이를테면 우리에게 친근한 조직인 회사나 학교 등을 이미지나 영상으로 표현할 수 있을까요? 회사가 입주한 건물이나 학교 건물을 찍은 이미지라면 어떨까요? 회사나 학교의 활동 모습을 찍은 이미지는 또 어떨까요? 설령 그 모두를 전부 조합한다고 하더라도 회사나 학교 그 자체를 나타내기에는 불충분합니다. 왜냐하면 조직이 다른 장소로 이동하거나, 구성원이 바뀌거나, 활동의 종류가 바뀌거나 한다고 해서 조직 자체가 바뀌는 것은 아니기 때문입니다. 즉 조직에 있어 소재지나 구성원, 활동처럼 눈에 보이는 부분은 '바뀌어도 영향이 없는 부분'에 지나지 않습니다. 이처럼 '조직'의 본질에는 이미지나 영상만으로 다 표현하고 파악할 수 없는 부분들이 있습니다.

역할을 나타내는 말도 비슷한 한계를 갖습니다. 사람이 맡는 역할로는 부모, 연인, 과장, 범인, 팬 등이, 사물이 맡는 역할로는 상품, 흉기, 쓰레기, 원산지 등이 있습니다. 우리는 그런 심상들을 떠올릴 수 있지만, 그것은 역할 그 자체가 아닌 그 역을 맡는 개개의 주체들에 대한 심상입니다. 그리고 당연히 '역할'과 '그 주체'는 다르지요. 따라서 아무리 역할의 주체를 시각적으로 파악했다고 하더라도 역할 그 자체를 파악했다고 할 수는 없습니다.

사건을 표현하는 말도 단순하지 않습니다. 우리는 사건과 말을 연결 지을 때 눈에 보이는 움직임 이상의 것에 주목합니다. 눈에 보이는 움직임에 보이지 않는 지식이나 문맥을 더해서 해석하는 경우가 대부분이지요.

누군가가 무언가를 손에 드는 단순한 상황도 보는 사람이 어떠한 사전 지식이나 믿음을 가지고 있느냐에 따라 어떠한 행위로 해석될지가 달라집니다. 예를 들어 A씨가 B씨 바로 옆에 있는 가방을 드는 모습을 보았을 때, 우리에게 가방이 A씨의 것이라는 지식이 있다면 A씨가 자기 가방을 들었다고 생각할 겁니다. 그러나 소유관계란 눈에 보이지 않으며, 우리는 보통 가방 같은 물건은 소유자 가까이에 놓인다고 생각하기 때문에 사정을 모르고 A가 B의 가방을 훔친다고 해석하는 사람도 생길 수 있습니다.

또한 "데이트하다."와 "함께 외출해 시간을 보내다."라는 두 문장은 모두 비슷한 상황을 떠올리게 만듭니다. 그러나 함께 외출해 시간을 보내고 있는 두 사람이 정말 데이트를 하는 건지 아닌지는 당사자들 말고는 모르는 일입니다. 손에 아무것도 안 들고 서 있는 사람이 있는 장면도 목격자가 그 상황 혹은 그 사람에 대해 무엇을 알고 있는지, 또는 어떠한 일을 상상하는지에 따라 해석이 바뀔 수 있습니다("일을 땡땡이치고 나온 회사원이다.", "시간이 남아도는 사람이다.", "저곳 경비를 서는 사람이다.", "누군가를 기다리고 있을 것이다." 등).

이처럼 사건이 일어난 상황이나 행위자에 관한 지식과 같은 '보이지 않는 문맥'에 따라 사건에 대한 인식이 크게 달라집니다. 그리고 보이지 않는 문맥을 나타낼 수 없는 이미지나 영상은 '데이트하다'와 '함께 외출해 시간을 보내다'의 차이, '빈손으로 서 있는 사람'과 '일을 땡땡이치고 나온 회사원'의 차이를 단독으로 표현할 수 없습니다.

이러한 예는 하나하나 열거할 수 없을 만큼 많습니다. 그러나 더욱 절망적인 것은 문장 수준의 말뜻이지요. 이미지나 영상과 직접 연결할 수 있는 문장은 우리가 듣거나 말하는 문장 중 극소수에 지나지 않습니다. 구체적으로 심상을 떠올릴 수 있도록 구성된 문장이어도 이미지나 영상으로 표현하기에는 어려운 것들도 있지요.

이를테면 "생물은 모두 호흡한다."라는 문장은 어떨까요? 이 문장은 생물 중 한 개체에 대한 문장이 아니라 모든 생물에 대한 문장이기 때문에 쉽지 않은데요. 심지어 이 문장은 지금 이 세상에 존재하는 생물뿐만 아니라 과거에 존재했던 생물이나 미래에 태어날 생물에 대한 문장이기도 합니다. 따라서 여기에서 '생물'이라는 단어가 나타내는 것 전부를 이미지나 영상으로 표현하기란 불가능합니다.

이것은 우리에게 현실 세계의 모습을 대폭 압축해서 표현하는 문장이 존재함을 시사합니다. 우리는 "생물은 모두 호흡한다."와 같이 '어느 종에 속하는 전체'에 대해 서술하는 문장을 이해할 수 있습니다. 그리고 그것이 "호흡하는 생물이 있다.", "대다수의 생물은 호흡한다.", "생물의 98%는 호흡한다." 등의 문장과는 뜻이 다르다는 것도 알지요. 하지만 이미지나 영상으로 이런 문장들의 뜻 차이를 구별하기란 불가능합니다.

또한 위의 에피소드에서 살펴본 바와 같이 "오늘 저녁은 카레나 햄버거로 할게요."처럼 복수의 선택지(가능성)를 하나로 묶은 문장, "그리고 아무도 없었다."처럼 부정을 포함한 문장 등도 이미지나 영상으로 표현하기 어렵습니다.

이 표현의 한계는 '(A)나 (B)', '~하지 않다' 등의 뜻에서 생겨납니다. 이런 표현을 비롯해서, 문장을 가정해 주는 '~하면', '~하는 듯하다'처럼 구체적인 내용을 갖지 않고 문장을 구성하는 부품 역할을 하는 단어(조사, 보조동사 따위)를 '기능어'라고 부릅니다˙. 이와 반대로 사물이나 사건, 성질 등 구체적인 내용을 갖는

---

* 어미도 기능어에 포함할 수 있을 것이다. 다만 한국어 문법 교과서에서는 어미를 단어로 분류하지 않는다.

단어는 '내용어'라고 부릅니다. 기능어의 뜻을 이미지나 영상으로 표현할 수 없으나, 우리는 이런 단어들을 포함한 문장을 쉽게 이해할 수 있습니다. "이 단어들은 무슨 뜻인가?"라는 질문을 받고 쉽게 대답하기는 어렵지만, 이들을 포함한 문장과 포함하지 않은 문장의 차이, 또한 다른 표현을 포함한 문장 간의 차이를 인식할 수 있는 것이지요.

세상을 알아야 한다:
외부 정보와 문장의 참-거짓 관계

뜻을 이해하는 데 있어 어떤 말과 다른 말의 '적용 범위' 차이를 아는 것은 중요합니다. 예를 들어 "모든 생물은 호흡한다."가 성립하는 상황과 "대부분의 생물은 호흡한다."가 성립하는 상황의 차이를 모른다면 이 문장들의 의미를 이해하고 있다고 말할 수 없습니다.

　그러나 위에서 살펴본 것처럼 이미지와 영상의 표현력에는 한계가 있어서, 그 안에 인간이 감지할 수 있는 단어 간 뜻의 차이나 문장 간 뜻의 차이까지 전부 담아내기란 불가능합니다. 예컨대 '이미지·영상에 적절한 말을 붙여 넣고, 또 말에 적절한 이미지·영상을 그려 넣는 일'에 성공했다고 하더라도 그것이 '말을 이해하는 일' 그 자체라고 말하기에는 문제가 있을 듯합니다.

이는 이미지나 영상과 같은 시각적인 정보만이 아니라, 다른 오감으로 감지할 수 있는 정보, 즉 청각, 미각, 후각, 촉각으로 얻을 수 있는 정보에도 해당됩니다. 그것들을 아무리 잘 조합하더라도 이 문제를 극복할 수는 없습니다. 우리가 시각을 포함한 오감으로 직접 확인할 수 있는 것은, 물체나 상황이나 상태의 유무와 물체가 가진 성질의 일부 그리고 자신의 감각 일부뿐이기 때문입니다.

다시 말해 우리는 '이런 물체가 있다', '이런 상황이 벌어지고 있다', '눈앞에 있는 물체가 이런 상태다', '눈앞에 있는 물체가 이런 성질을 가지고 있다', '나는 그것에 대해 이렇게 느낀다'라는 정도밖에 파악하지 못합니다.

그러나 앞서 살펴본 바와 같이 실제로 볼 수도, 들을 수도, 만질 수도 없는 추상적인 것에 대한 문장이나 다양한 세상사를 압축해서 표현하는 문장은 우리 세상에 흔히 존재합니다. 그리고 우리 역시도 그런 문장들을 자주 사용합니다. 여기에서 우리는 로봇에게 그저 육체와 센서를 주어서 주변 물체나 상황을 인식할 수 있게 만드는 것만으로는 말을 온전히 이해하게 만들 수 없다는 결론을 얻을 수 있습니다. 종종 "로봇이 지성을 갖기 위해서는 몸이 필요하다."라는 말이 들려오지요. 물론 말을 이해하는 데 육체가 필수 불가결한 것은 맞지만, 그래도 '육체만 갖추면 다 되는'것은 아닙니다.

앞 장에서 화제로 삼았던 '문장의 참-거짓을 묻는 능력', 즉 문장이 나타내는 내용이 진짜인지 아닌지를 검증하는 일에 대해 생각해 봅시다. 우리가 (현실 세계에 관한) 문장의 참-거짓을 검증할 때, 우리의 오감으로 얻을 수 있는 정보를 이용하고 있는 것은 분명합니다.

그러나 오감으로 확인할 수 있는 상황과 직접 대응되지 않는 문장의 참-거짓은 어떻게 확인하면 좋을까요? 우리 인간은 그것을 어떻게 행하고 있을까요? 또한 기계가 그것을 행하게 만드는 일은 가능할까요? 다음 장에서 이 문제를 함께 살펴보고자 합니다.

5장

게으른 족제비들
결국 대형 사고를 치다!
문장 사이의 논리적 관계를 이해하는 능력1

여러 동물들이 숲길을 걸어갑니다. 다들 족제비 마을을 향해 걷고 있어요. 족제비 마을 입구에는 '제1회 족제비 마을 피해자 모임'이라고 적힌 입간판이 세워져 있고, 마을 광장에는 테이블 여러 개가 원형으로 놓여 있었어요.

가까운 마을—두더지 마을, 카멜레온 마을, 올빼미 마을—에서 찾아온 마을 대표들과 너구리가 먼저 자리에 앉고, 마을 주민인 족제비들은 테이블로 빙 둘러싸인 가운데에 섰죠.

이윽고 개미들이 거대 개미 로봇 '개미 신'을 타고 등장해서 '개미 마을 대표'라는 팻말이 놓인 테이블에 앉았어요. 그리고 물고기 마을 대표가 들어간 거대 어항까지 모두 자리 잡고 나자 너구리가 모임의 시작을 선언합니다.

너구리 "지금부터 '제1회 족제비 마을 피해자 모임'을 시작합니다. 저는 의장으로 임명된 너구리입니다. 오늘 제1회 모임에서는 족제비 마을 족제비들이 가까운 이웃 마을들에 끼친 피해에 대해 이야기하고, 어떻게 해결해야 할지 논의하고자 합니다."

원형 테이블에 둘러앉은 동물들과 주변에 자리 잡고 구경하는 동물들 사이에서는 박수가 일었지만, 족제비들은 다들 뾰로통한 얼굴로 입을 다물고 있었지요. 불만이 가득 차서 못 참겠다는 얼굴이었어요. 하지만 이렇게 많은 동물을 적으로 돌린 이상 어찌할 도리가 없었답니다.

너구리 "그럼 여러분, 의견을 말씀해 보시지요."

각 마을 대표가 다양한 의견을 이야기하네요. 물고기 마을 대표는 족제비가 물고기 로봇을 슬쩍했던 사건에 분노의 뜻을 표한 후, 돈으로 배상하라고 요구했어요. 두더지 마을과 카멜레온 마을의 대표들도 족제비들이 그들의 기계를 보고 "진짜 말을 아는 건 아니야."라고 비난하고, 소문을 내서 피해를 주었다고 주장하면서 역시 돈으로 배상하라고 요구합니다. 그런데 너구리 의장이 떨떠름한 표정으로 말을 꺼내는군요.

너구리 "제가 이곳 마을금고를 조사해 봤는데, 돈이 거의 없습니다. 족제비들 말에 따르면 원래도 불경기라 돈이 없었는데 그나마 있던 돈도 불과 얼마 전 사진가와 만화가에게 보수를 주느라 다 써 버렸다고 하더군요. 족제비 마을 돈인 '족제비 달러'의 가치도 폭락했으니, 돈으로 배상하기는 어렵겠습니다."

그러자 이번에는 개미 마을과 올빼미 마을 대표가 족제비 마을의 땅을 피해자들끼리 나누어 갖는 게 어떠냐는 의견을 냈습니다. 개미들은 얼마 전 족제비들과 돈 이야기로 다툰 적이 있어서 족제비 마을에 돈이 없는 것을 알았기에 차라리 땅을 노리기로 한 것이었죠. 하지만 땅을 나누는 방안에는 다른 마을들이 반대했어요.

물고기 마을은 "물고기가 살 수 있는 호수도 없고 강도 너무 좁다."라고 했고, 두더지 마을은 "쾌적하게 구멍을 뚫을 만한 토양이 아니라서 싫다."라고 주장했지요. 카멜레온 마을은 "본모습을 숨기기에 재미있는 환경이 아니다."라는, 다른 동물들은 쉽게 이해할 수 없는 이유로 반대했어요.

너구리 "의견이 종합되지 않는군요. 돈도 땅도 아니라면, 어떻게 하는 게 좋을까요?"

올빼미 마을 대표 "그럼 남는 건 노동뿐이군요. 각자 마을로 족제비들을 몇 마리씩 끌고 가서 죽을 때까지 평생 일하게 하면 되지 않겠습니까?"

개미 마을에서도 이 의견에 동조하는지 거대 개미 로봇의 입을 통해 이렇게 말했어요.

개미들 "그게 좋겠습니다. 그리고 족제비 녀석들을 어디 먼 나라로 팔아 버리는 것도 허락해 주면 좋겠네요. 그래야 얼마라도 돈이 될 테니까 말이에요."

이 말을 들은 족제비들은 몸을 바들바들 떨기 시작했어요. 하지만 다른 마을들도 입을 모아 "그래, 이젠 그 방법밖에 없겠어."라며 찬성의 뜻을 밝혔답니다. 그때 너구리 의장이 끼어들었어요.

너구리 "여러분, 진정하십시오. 아무리 그래도 그런 비윤리적인 방법을 인정할 수는 없습니다. 조금만 더 동물애를 발휘해서 족제비 마을과 모든 이웃 마을이 함께 행복해지도록 평화적인 방향으로 논의하는 게 어떨까요?"

두더지 마을 대표 "의장님이 하고 싶으신 말씀이 뭔지는 알겠지만, 아무런 아이디어도 떠오르지 않는데요. 의장님은 어떤 의견을 갖고 계신가요?"

너구리 "음, 예를 들어 이런 건 어떻겠습니까? 이번 족제비 문제는 애초에 이 족제비들이 말을 이해하는 로봇을 만들겠다는 계획을 세운 게 발단이었지요. 비록 대처 방식에는 문제가 있었지만 계획 자체는 나쁘지 않았다고 봅니다. 만약 그런 로봇이 만들어진다면 모든 마을이 혜택을 받게 될 테니까요. 그렇지 않습니까?"

물고기 마을 대표 "그건 맞는 말인데요, 의장님은 무슨 말씀을 하고 싶으신 거죠?"

너구리 "제가 드리고 싶은 말씀은, 말을 이해하는 로봇을 만드는 일을 다 함께 목표로 삼자는 겁니다. 카멜레온 마을, 개미 마을, 올빼미 마을에서도 각자 '말을 이해하는 기계'를 만들고 계시지요?

하지만 여러분도 솔직히 그 기계들에 100% 만족하고 계시지는 않을 겁니다. 족제비들이 여러분의 그런 노력을 무례하게 비웃긴 했지요. 그런데 족제비들이 한 말에도 어느 정도 진실이 있지 않았습니까?"

카멜레온 마을 대표 "진실이 있으면 뭐요?"

너구리 "다시 말해 여러분이 만든 기계에는 아직 부족한 부분이 있다는 말입니다. 그 부족한 부분을 족제비들이 보강하도록 만들어서 손해를 배상하게 하면 어떨까요? 그리고 족제비들이 만든 결과물은 다 함께 공유해서 모든 마을이 활용할 수 있도록 하면 좋지 않겠습니까?"

마을 대표들은 나쁘지 않은 아이디어라고 생각했어요. 족제비들도 어딘가로 끌려가거나 팔려 가는 것보다는 훨씬 나으니 꼭 이 제안이 채택되기를 두 손 모아 기도했지요.

두더지 마을 대표 "그럼 그렇게 한다 치고, 족제비들이 구체적으로 어떤 걸 만들게 할 겁니까?"

카멜레온 마을 대표가 의견을 말하네요.

카멜레온 마을 대표 "잠깐 제가 말 좀 해도 될까요? 실은 우리도 우리 마을의 대화하는 로봇을 개량할 계획을 갖고 있어요. '레온'이나 '파초빨 수염 선생'이나 둘 다 완성도 높은 로봇이지만 요새 마을 주민들이 질리기 시작한 것 같아서 말이죠. 그래서 대화를 좀 더 만들어 넣었는데 잘 되질 않더라고요."

너구리 "어떻게 잘 안 됐습니까?"

카멜레온 마을 대표 "하나 예를 들어 말하자면, 레온에게 색 전환 기능이란 걸 추가하려고 했어요. 레온이 상대방에게 '레온에게 어울릴 만한 색'을 물은 다음, 대답에 따라 자기 색을 바꾸고 짧은 코멘트를 하는 식으로 말이죠.

만약 상대방이 '초록색'이라고 답하면 초록색 몸 그대로 '넌 기본을 중요시하는 카멜레온이구나! 반드시 좋은 일이 생길 거야~ ♪.'라고 하고요. 상대방이 '파랑'이라고 대답하면 몸을 새파랗게 바꾸고 '레온은 파란색이 너무 좋아! 하늘과 같은 색이잖아 ♪.'라고 하는 거죠.

그런 변화와 코멘트를 온갖 색에 맞춰 준비하기로 했는데, 실제로 해 보니까 너무 어려운 거예요. 레온이 '나한테 어울리는 색을 알려 줘 ♪.'라고 물으면 다들 꽤나 다양한 방식의 대답을 하더란 말이죠. '초록색이 어울려.', '초록색이지.', '글쎄, 초록색?' 정도는 예상해 두었지만 '보라색이랑 오렌지색이 어울리겠다.'라거나 '남색 계열?' 아니면 '나는 초록색 같은데 언니는 파란색이래.' 등등 이렇게 예상하지 못한 말을 들으면 레온이 제대로 반응하질 못해요.

또 상대방이 '노란색 말고는 다 어울려.'나 '빨간색은 안 어울려.' 같은 말을 해 오면 레온은 '노란색이 어울린다', '빨간색이 어울린다'라고 대답을 혼동해 버리지 뭡니까. 그 부분을 어떻게 하면 좋을지 모르겠어요."

올빼미 마을 대표 "그런 건 '말고'나 '안 ~하다' 같은 게 포함된 답을 예외로 두면 되지 않나?"

카멜레온 마을 대표 "우리도 그 정도는 생각했어요. 하지만 간혹 주민들이 '노란색 말고는 볼 것도 없어.'라거나 '빨간색밖에 안 어울려.'라거나 '보라색이라면 어울리지 않을 것도 없지.'처럼 대답하기도 한단 말이에요.

이 말들은 '말고'나 '안 ~하다'나 '않다'를 포함하지만 결국은 '노란색이 어울린다', '빨간색이 어울린다', '보라색이 어울린다'라는 말 아닙니까. 이런 부분도 정확하게 이해할 수 있도록 만들고 싶은 거죠."

너구리 "오호, 그것참 재미있네요. 카멜레온 마을 이야기를 들어 보니 이 문제에서는 '이 문장을 말하면 이 문장도 말하게 된다.'라거나 '이 문장을 말하면 이 문장을 부정하는 것이다.'와 같은 문장과 문장의 논리적인 관계가 걸림돌이 되는군요."

카멜레온 마을 대표 "네? 그게 무슨 말이죠?"

너구리 "누군가가 '레온한테는 빨간색밖에 안 어울려.'라고 말했다면 그 말은 '레온한테는 빨간색이 어울린다'라는 뜻이지요? '노란색만 빼면 다 어울려.'라는 말은 '노란색이 어울린다'를 부정한 말이고요. 그러니까 레온이 그걸 이해하면 되는 것 아닙니까?"

카멜레온 마을 대표 "뭐 그런 셈이죠."

그때 개미들을 가득 태운 거대 개미 로봇이 입을 열었어요.

개미들 "그거 요즘 우리가 생각하던 것과 비슷한 문제 같아요. 우리도 이 로봇 '개미 신'을 더 똑똑하게 만들고 싶다는 생각을 하고 있거든요. 우리는 이제껏 고도의 지식을 묻는 말에 대답하는 것을 목적으로 개미 신을 개발해 왔어요.

그래서 지난번에 족제비들과 너구리 의장님이 지적했던 것처럼 상식적인 질문에는 개미 신이 제대로 대답하지 못하는 부분이 있어요. 그런 질문에 답하려면 질문이나 정보 출처에서 핵심어를 추출하는 것만으로는 충분치 않으니, 결국 문장을 제대로 이해할 필요가 있지요.

우리에겐 앞으로도 더 이루고 싶은 목표가 있어요. 바로 개미 신이 말을 단서로 삼아 스스로 판단하고 움직일 수 있게 만드는 거죠. 그때 '문장과 문장의 논리적인 관계'를 이해하는 일이 더욱 중요해질 건 말할 것도 없을 테고요."

너구리 "옳거니, 아주 흥미롭군요. 다른 마을들은 어떻습니까?"

올빼미 마을 대표가 의견을 내놓았어요.

올빼미 마을 대표 "족제비들에게 고마운 마음은 털끝만큼도 없지만, 우리도 이번 일을 계기로 '올빼미 눈'에 한계가 있다는 걸 깨달았어요. 우리는 원래 자주 듣는 속설이나 소문이 참인지 아닌지를 이미지로 검증하는 데까지 '올빼미 눈'을 활용하고 싶었거든요.

예컨대 '너구리는 모두 총소리를 들으면 기절한다.'라거나 '토끼가 만든 진흙 배는 모조리 가라앉는다.' 같은 속설 검증이 이미지로 가능해지면 좋겠어요. …… 아, 딱히 너구리 의장님 앞에서 빈정거리려고 이런 예를 든 건 아니니까 기분 상하지 않으셨으면 해요."

너구리 "네, 괜찮으니 걱정 말고 계속해서 말씀해 주세요."

올빼미 마을 대표 "그러니까 우리는 그런 걸 하고 싶은데, 이미지나 영상으로 연결할 수 있는 문장은 이 세상에 존재하는 무수한 문장 중 극히 일부일 뿐이죠. '너구리는 모두 총소리를 들으면 기절한다.'라는 문장이나 '토끼가 만든 진흙 배는 모조리

가라앉는다.' 같은 문장은 대응하는 이미지나 영상이 없으니
정확성을 직접 검증할 수가 없죠. 그 점이 고민입니다."

너구리 "오호라. 이 말씀도 지금까지 나온 이야기들과 관계가
없지 않군요. 말씀하신 것처럼 '너구리는 모두 총소리를 들으
면 기절한다.'라는 문장은 이미지나 영상으로는 나타낼 수 없
지요.

즉 총소리를 듣고 너구리 한 마리가 기절한 사진이나 영상으
로는 이 문장이 진실을 말하는지 아닌지를 검증할 수 없으며,
또 그런 사진이나 영상을 아무리 많이 모아도 정확성을 보장할

수는 없다는 그런 말씀이시죠?"

올빼미 마을 대표 "그렇습니다. 그야말로 우리가 하고 싶었던 말을 잘 정리해 주셨군요. 뭐 좋은 방법이 없겠습니까?"

너구리 "아마도 그 문장이 '참인지'는 이미지만으로는 알 수 없을 겁니다. 하지만 '틀렸는지'는 이미지로 알 수 있는 경우도 있다고 봅니다. 만약 총소리를 듣고도 기절하지 않는 너구리 영상이 있다면 그 문장이 틀렸다는 게 증명되니까요."

올빼미 마을 대표 "아, 그거 말 되네요."

너구리 "이 경우에도 '이 문장이 참이면 저 문장도 참이다.' 또는 '이 문장이 참이면 저 문장은 거짓이다.'라는 문장과 문장의 논리적인 관계가 걸림돌이 되는군요.

만약 '너구리는 모두 총소리를 들으면 기절한다.'라는 문장이 참이라면 '총소리를 듣고 기절하지 않는 너구리는 없다.'라는 문장도 참입니다. 그리고 '총소리를 듣고 기절하지 않는 너구리는 없다.'라는 문장이 참이라면 '총소리를 들어도 기절하지 않는 너구리가 있다.'라는 문장은 볼 것도 없이 거짓이지요.

이때 중요한 건 이렇게 해서 도출한 '총소리를 들어도 기절하지 않는 너구리가 있다.'라는 문장은 이미지로 검증할 수 있다는 점인데요. 이 문장에 대응하는 이미지가 있다면 참이 증명된다는 말입니다.

그리고 그것이 참이라는 것을 이해하면 '총소리를 듣고 기절하지 않는 너구리는 없다.'라는 말이 틀렸다는 걸 알 수 있고, 더 나아가 원래 문장인 '너구리는 모두 총소리를 들으면 기절한다.'라는 문장이 틀렸다고 결론지을 수 있게 됩니다."

올빼미 마을 대표 "아, 조금씩 이해가 되네요. '문장과 문장의 논리적인 관계'를 사용하면 원래는 이미지에 대응되지 않는 문장에서도 이미지에 대응하는 문장을 도출해 낼 수 있다는 말씀이시죠?"

너구리 "맞습니다. 제가 제안을 하나 드려 볼까 합니다. 말을 이해하는 기계를 만들기 위한 준비 작업으로서 먼저 족제비들에게 문장과 문장의 논리적인 관계를 이해하는 기계를 만들게 하는 게 어떨까요? 대표님들, 어떻게 생각하십니까? 이 제안에 찬성하시는지요?"

두더지 마을 대표 "만약 너구리 의장님께서 말씀하신 일이 가능해진다면 똑똑한 기계가 더 많이 만들어지게 되겠군요. 그 기계들에는 당연히 '두더지 귀'가 부착되겠죠? 그렇다면 저희 상품의 판매도 늘어날 테니 찬성합니다."

물고기 마을 대표 "우리도 찬성합니다. 그런 똑똑한 기계를 우리 로봇의 몸에 탑재하면 굉장히 편리해지겠네요."

너구리 "많이들 찬성해 주시니 감사합니다. 그럼 방금 말씀드린 방침대로 진행하도록 합시다. 여기서 제가 한 말씀 더 드려도 될까요? 우리는 방금 기계의 언어 능력 보강이 우리에게 '어떤 도움이 될지'라는 관점에서 의견을 나누었지요. 저는 우리가 조금 전 논의에서 말을 이해하는 능력에 대한 본질을 깊이 생각할 수 있었다고 봅니다.

우리가 짓는 문장 사이에는 '이 문장이 참이면 저 문장도 참이다.' 혹은 '이 문장이 참이면 저 문장은 거짓이다.' 혹은 '이 문장이 참이어도 저 문장이 참인지 거짓인지는 알 수 없다.'와 같은 관계가 성립합니다. 즉 문장과 문장 사이의 논리적인 네트워크가 있다는 말이지요. 저는 어떤 문장을 듣고 우리가 그런 판단을 내릴 수 있다는 사실 자체가 언어를 이해한다는 하나의 증거라고 생각합니다. 어떻습니까, 여러분? 그리고 족제비 여러분, 혹시 이것 또한 족제비 마을이 추구하던 '진정한 의미에서 말을 이해하는' 일의 일부가 아닐까요?"

각 마을의 대표들과 주변에서 지켜보던 동물들은 너구리의 의견에 감탄해 고개를 끄덕였지요. 하지만 족제비들은 다들 꾸벅꾸벅 조느라 아무도 이 이야기를 듣지 못했어요. 족제비들은 '적어도 어딘가로 팔려 가는 일은 없겠구나.'라는 판단이 든 시점부터 완전히 마음이 놓였는지 최소한의 긴장마저 풀어 버렸답니다.

너구리 "……뭐, 됐습니다. 그럼 이제부터 해가 저물기 전까지 족제비들에게 어떤 일을 맡길지 확실히 정해 봅시다."

올빼미 마을 대표 "확실히 정한다고요? '문장과 문장의 논리적인 관계를 이해하는 기계를 만들자'라는 목표가 정해졌으니 나머지는 족제비들이 알아서 하라고 하면 될 일 아닙니까?"

너구리 "저는 생각이 좀 다릅니다. 객관적으로 성과를 평가할 수 있는 형태로 맡기는 편이 나을 것 같아서 말이지요."

개미들 "의장님 말씀이 백번 맞습니다. 족제비 녀석들이라면 내용물은 대충대충 해 두고 겉으로만 완성한 척 속일지도 모른다고요."

물고기 마을 대표 "그렇다면 구체적으로 어떻게 정하는 게 좋을까요?"

너구리 "우선은 대체 기계가 무엇을 할 수 있게 되어야 문장과 문장의 논리적인 관계를 올바르게 이해할 수 있을지를 생각할 필요가 있겠습니다.

예를 들어 이런 건 어떨까요? 기계에게 다음과 같은 지시어를 주는 겁니다. 일단 한 쌍의 문장을 보여 줍니다. 한쪽을 '전제'라고 하고, 다른 한쪽을 '결론'이라고 합시다.

A. 전제 : 레온에게는 빨간색밖에 어울리지 않는다.
B. 결론 : 레온에게는 빨간색이 어울린다.

이 한 쌍의 문장을 읽고 다음과 같이 판단하게 만드는 겁니다.

지시어 아래 'O', 'X', '?' 중에서 옳은 것을 골라라.
O '전제'가 참이면 '결론'도 참이다.
X '전제'가 참이면 '결론'은 거짓이다.
? '전제'가 참이어도 '결론'이 참인지 거짓인지 알 수 없다.

여러분도 한번 함께 생각해 보시죠. 위의 '전제'와 '결론' 쌍의 답은 무엇이라고 생각하십니까?"

카멜레온 마을 대표 "그야 'O'겠죠? 일반적으로 생각하면 '레온에게는 빨간색밖에 어울리지 않아.'라고 말하는 건 '레온에게는 빨간색이 어울린다.'라는 말과 같은 뜻이니까요."

너구리 "그 말씀대로입니다. 그렇다면 다음과 같이 전제와 결론을 바꾸어 보면 어떨까요?"

전제: 모든 올빼미는 밤중에 깨어 있다.
결론: 밤에 자는 올빼미가 몇 마리 있다.

올빼미 마을 대표 "'×'죠. 모든 올빼미가 밤중에 내내 깨어 있다는 말은 밤에 자는 올빼미가 없다는 얘기니까요."
너구리 "그렇습니다. 그럼 이건 어떻습니까?"

전제: 두더지 마을 대표는 미국에서 일한 적이 있다.
결론: 두더지 마을 대표는 로스앤젤레스에서 일한 적이 있다.

두더지 마을 대표 "음, '?'겠군요. '미국에서 일했었다'라는 말만 가지고는 미국의 어디에서 일한 건지 지역을 특정할 수 없으니까요. 로스앤젤레스일 수도 있겠지만 뉴욕 같은 곳인지도 모르죠. 아, 물론 실제로 전 미국에 가 본 적이 없습니다."
너구리 "네, '?'가 정답입니다. 여러분, 제가 드리고 싶은 말씀이 뭔지 대강 이해하셨습니까? 저는 지금 여러분께서 '문장과 문장의 논리적인 관계를 묻는 문제'에 대해 생각해 주시기를 바랍니다. 일단은 이런 문제를 많이 만들어서 족제비들에게 전달하고, 이런 문제를 풀 수 있는 기계를 만들라고 하는 게 어떻겠습니까? 그리고 족제비들이 기계를 완성해 오면 유사한 문제를 풀게 해서 성능을 확인하는 게 어떨까 합니다."

개미들 "오, 그렇게 하면 족제비들이 겉으로만 대충 꾸며 낼 수도 없겠군요. 평가 방법이 객관적이어서 아주 좋습니다."

다른 마을 대표들도 너구리의 제안에 찬성했어요. 동물들은 우선 족제비들에게 정답을 붙인 1,000개의 문제를 주고 한 달 후까지 그 문제를 풀 수 있는 기계를 만들게 하기로 했지요. 그리고 한 달 후에 다시 제2회 모임을 열고 족제비들에게 준 문제와 비슷한 새로운 1,000개의 문제로 그 기계를 시험하기로 결론을 내렸답니다.

너구리 "고생 많으셨습니다. 그럼 다음 달에 다시 뵙지요."

동물들은 하나둘 족제비 마을 광장을 떠나갑니다. 하지만 당사자인 족제비들은 아직도 광장 한가운데에서 곤히 잠들어 있었지요. 자신들에게 어떤 책임이 주어졌는지도 모르는 채 말이에요.

이미 아는 것에서 새로운 것을 알아내기:

논리란 무엇인가?

이 장부터 '논리' 이야기가 시작되었습니다. 여러분도 종종 "논리적인 사고력을 길러라."라거나 "논리적으로 말하자."와 같은 이야기를 들으실 겁니다. 그런데 대체 '논리'란 무엇이며 '논리적'이란 말은 어떤 말일까요?

'논리'라는 단어에는 사전적 정의와 수학적 정의가 있습니다. 사전적 정의는 대강 '사고의 법칙·형식. 사고나 논의를 뻗어 나가는 과정'[20]이라고 볼 수 있지요. 사전적 정의에서 가리키듯이 우리가 사고하는 방식에서는 법칙성이 발견됩니다. 그것은 상당 부분은 의식적이든 무의식적이든 "만약 어떤 일이 사실이라면 다른 어떤 일도 사실일 것이다."라고 내렸던 판단들의 축적으로 성립됩니다. 이러한 판단을 일반적으로 '추론'이라고 부릅니다.[21] 추론 방식은 개인마다 다르지 않고, 많은 사람이 공유하고 있습니다. 그리고 더욱 중요한 포인트는, 우리가 일상에서 추론을 통해 '이미 알고 있는 것'에서 '아직 모르는 것'을 도출하고 있다는 사실입니다.

구체적인 예를 살펴볼까요? 만약 당신이 혼자 먹으려고 사 온 케이크를 누군가가 슬쩍 먹었다고 가정해 봅시다. 범인은 어머니나 동생 중 한 명인 것을 알았고, 거기에 어머니가 먹지 않은 것을 알았다고 칩시다. 이 경우에는 누구라도 "동생이 먹었다."라는 추론을 도출해 낼 게 틀림없습니다. 즉 "어머니가 케이크를 먹었거나, 동생이 케이크를 먹었거나 둘 중 하나다. 그리고 어머니는 케이크를 먹지 않았다는 것이 사실이라면 동생이 케이크를 먹었다는 것도 분명한 사실이다."라는 판단을 하는 것이지요.

우리가 모순이나 거짓이나 오류를 감지하는 능력도 추론과 깊은 관계가 있습니다. 영화관에 가서 "65세 이상인 손님은 모두 5,000원으로 영화를 관람하실 수 있습니다."라고 적힌 전단지를 보았다고 가정해 봅시다. 만약 당신이 65세 이상이라면 '나는 5,000원으로 영화를 볼 수 있다.'라고 생각하겠지요? 그런데 만약 티켓 판매소에서 "10,000원입니다."라는 말을 듣는다면 '이상하다.' 혹은 '모순이다.' 또는 '나를 속이려는 건가?' 같은 생각이 들 겁니다. 이 판단은 '65세 이상인 사람은 모두 5,000원으로 영화를 볼 수 있다. 그리고 나는 65세 이상이다'가 사실이라면 '나는 5,000원으로 영화를 볼 수 있다'도 사실이어야 한다는 추론에서 나온 결과입니다.

위와 같은 예를 보고 "뭐야, 완전히 당연한 말이잖아. 추론도 별거 아니네."라고 생각하실 분이 많을 텐데요. 바로 그 '당연한 말'이라는 점이 중요합니다. 우리는 누구나 '이런 결론이 되어야 마땅하다'라고 생각하는 당연한 단계를 쌓아 가면서 자기 생각이나 논의를 발전시켜 나갈 수 있습니다. 이것이 잘 이루어지면 타인과 합의하거나 타인을 설득할 수도 있게 되지요. 거기까지 가지 않더라도 어쨌든 하고 싶은 말이 뭔지 이해받을 가능성이 커집니다. 모두가 당연하다고 생각할 법한 결론을 도출하는 방식이 곧 추론이며, 추론의 체계가 논리인 것이지요.

태곳적부터 사람들은 많은 청중 앞에서 자기 의견을 논리적으로 이야기하거나 의견이 대립하는 상대방을 논리적인 의견으로 이길 필요가 있었습니다. 그런 사람들은 경험적으로 '추론에는 정해진 패턴이 있다'는 사실을 알고 있었지요. 그러한 패턴에는 다음과 같은 것들이 있습니다.

패턴 1

※ P, Q에는 문장이 들어감

전제 P이거나 Q이거나 둘 중 하나이다. P는 아니다.

결론 Q.

패턴 1의 P와 Q에는 문장의 내용이 들어갑니다. 앞서 들었던 케이크 예가 이 패턴으로 한 추론의 예입니다. P에는 '어머니가 케이크를 먹었다', Q에는 '동생이 케이크를 먹었다'가 들어가겠지요?

추론 P) 어머니가 케이크를 먹었거나,
　　　Q) 동생이 케이크를 먹었거나, 둘 중 하나이다.
　　　P) 어머니는 케이크를 먹지 않았다.
결론 Q) 동생이 케이크를 먹었다.

다음 패턴 2는 위의 패턴과 달리 A나 B, x에 문장이 아닌 것이 들어갑니다.

패턴 2
※ A에는 명사구,
B에는 '명사구＋이다'나 동사구, 형용사구 등,
x에는 특정한 개체를 가리키는 표현(고유명사나 대명사 따위)이 들어감
전제 A는 모두 B다. x는 A다.
결론 x는 B.

A에 '65세 이상인 사람', B에 '5,000원으로 영화를 볼 수 있다',

x에 '나'를 넣어 봅시다. 그러면 앞서 등장한 영화관 예제가 됩니다.

> **추론** A) 65세 이상인 사람은 모두 B) 5,000원으로 영화를 볼 수 있다. x) 나는 A) 65세 이상인 사람이다.
> **결론** x) 나는 B) 5,000원으로 영화를 볼 수 있다.

패턴 1의 P와 Q, 패턴 2의 A와 B와 x에 다양한 말을 넣어 보면 알 수 있듯이, 이 도식에 따르면 얼마든지 '당연한 생각'을 도출해 낼 수 있습니다. 더 단순한 예도 살펴봅시다.

패턴 3

※ P, Q에는 문장이 들어감

전제 P(는 옳다).

결론 'P는 아니다'는 틀렸다.

－예－

전제 P) 영희는 개를 키운다(는 옳다).

결론 'P) 영희는 개를 키우지 않는다'는 틀렸다.

패턴 4

※ A와 C에는 명사구,

B에는 '명사구＋이다'나 동사구, 형용사구 등,

x에는 특정한 개체를 가리키는 표현이 들어감

전제 x가 A를 B한다. 모든 A는 C다.

결론 x가 B하는 것과 같은 C가 존재한다.

-예-

전제 x) 영희는 A) 개를 B) 키운다. 모든 A) 개는 C) 동물이다.

결론 x) 영희가 B) 키우는 것과 같은 C) 동물이 존재한다.

아리스토텔레스 이후로 이른바 지식층 사람들은 이러한 몇 가지 추론 패턴을 배워서 빈틈없이 외우고 신학에 대해 논의할 때나 법정에서 다툴 때, 또 연설할 때 사용해 왔습니다. 그사이 '논리학'이라는 학문은 수많은 추론 패턴을 익히기 위한 학문으로 알려져 왔습니다.

하지만 추론 패턴은 무수히 많이 존재하기에 모두 외우기란 불가능합니다. 19세기가 되어서 추론 패턴을 계산을 통해 정의하는 학문이 생겨납니다. 현재 '기호논리학' 또는 '수리논리학'이라고 불리는 학문이 바로 그것입니다. 우리의 사고 패턴과 수학적인 계산의 만남은 각 분야에 막대한 영향을 끼쳤으며, 지금과 같은 컴퓨터를 탄생시키는 데도 지대한 공헌을 했습니다.

이 문장이 참이면 다음 문장은?:

추론과 뜻 이해

추론은 언어 이해와도 깊이 연결됩니다. 우리는 매일 많은 문장을 듣거나 읽으면서 그 내용이 참인지 거짓인지를 판단하지만, 그 문장들이 다른 문장과 전혀 무관하게 참이거나 거짓인 경우는 거의 없습니다. 어떤 문장이 참이라면 다른 어떤 문장도 참이되거나, 또 다른 어떤 문장은 거짓이 되기도 합니다.

단순한 예를 하나 들어 볼까요? "영희는 개를 키운다."라는 문장이 참이라면 우리는 추론(앞서 설명한 '패턴 4'의 추론)에 따라 "영희가 키우는 것과 같은 동물이 존재한다."라는 문장이 참인 것을 알 수 있으며, 게다가 그 말을 달리 표현한 "영희는 동물을 키운다."라는 문장도 참인 것을 알 수 있습니다. 또 동시에 앞서 설명한 '패턴 3'의 추론으로 "영희는 개를 키우지 않는다."라는 문장이 거짓인 것도 알 수 있습니다. "영희는 개를 키운다."라는 문장으로부터 참-거짓을 끌어낼 수 있는 문장은 이 외에도 많습니다.

"영희는 개를 키운다."가 참일 경우

참인 것을 알 수 있는 문장
"영희는 동물을 키운다."

"개를 키우는 사람이 있다."[22]

"동물을 키우는 사람이 있다."……

거짓인 것을 알 수 있는 문장

"영희는 개를 키우지 않는다."

"영희는 동물을 키우지 않는다."

"개를 키우는 사람은 한 명도 없다."……

또, 당연한 말이지만 그 문장에서 다시 참-거짓을 끌어낼 수 없는 문장도 많습니다.

참인지 거짓인지 알 수 없는 문장(영향을 받지 않는 문장)

"영희는 치와와를 기른다."

"영희는 개밖에 키우지 않는다."

"영희는 개를 좋아한다."

"영희는 고양이를 좋아한다."

"영희는 넓은 집에 살고 있다."……

물론 위의 내용 중에는 참일 확률이 높아 보이는(또는 낮아 보이는) 것들도 포함되어 있습니다. 그러나 '반드시 참' 또는 '반드시 거짓'이라고 잘라 말할 수 있는 문장은 없습니다.

한 가지 주의해야 할 점은 '어떤 문장으로부터 어떤 문장이 추론된다'와 그 문장들이 '실제로 참을 말하고 있느냐 아니냐'는 관계가 없다는 것입니다. 위에서 예로 든 "영희는 개를 키운다."라는 문장이 참이 아니라고 하더라도 위의 추론(즉 결론을 도출하는 방법) 그 자체는 영향을 받지 않습니다.

그러나 어떤 문장으로부터 어떤 문장이 추론되느냐 아니냐를 판단하는 능력은 어떤 문장이 참인지 거짓인지를 확인할 때도 큰 도움이 됩니다. 앞선 에피소드와 해설들을 통해 우리는 말의 이해가 어떠한 형태로든 '문장의 참-거짓 검증'에 관계하는 모습을 보아 왔습니다. 또 앞 장에서는 우리가 오감으로 직접 체험한 경험만으로는 한정된 수의 문장이 지니는 참-거짓밖에 검증할 수 없음을 살펴보았습니다. 그 예로 추상적인 의미를 포함하는 문장이나 '모든 ~은/는 ~이다, 하다'와 같이 '세계의 모습을 압축해서 서술하는 문장' 등을 보았지요. 그런데 그러한 문장에서도 추론을 거듭하다 보면 우리의 오감으로 확인할 수 있는 문장을 끌어낼 수 있는 경우가 있습니다.

예컨대 과학에 종사하는 사람들은 실험을 통해 과학적 가설을 확인할 때 그러한 방법을 사용합니다. 보통 과학적인 가설은 우리의 감각으로 가설 그대로를 확인할 수 없습니다. 그런 종류의 가설은 대부분 "에너지의 총량은 바뀌지 않는다." 라거나 "우주에 있는 모든 질점(質點)은 서로서로 중력의 영향을 주고받는다."와 같이 '에너지', '질점', '중력' 같은 추상적인 말을 포함하는데다가 이 세상의 모습을 압축한 일반적인 법칙성을 말하기 때문입니다. 그러나 그것을 '만약 그것이 옳다면 반드시 이럴 것'이라는 추론을 거듭 더해 감으로써 우리의 오감으로 확인할 수 있는 수준의 문장으로 구현한 다음, 그 가설이 옳은지 틀린지를 검증하기 위한 실험을 설계할 수 있게 되지요. 그 결과를 현미경이나 망원경을 들여다보거나 실험 기구가 표시하는 수치를 읽음으로써 확인할 수 있게 됩니다.

또 앞 장에서는 두 문장의 뜻 차이를 어떻게 식별할 것인가 하는 문제도 다루었습니다. 우리가 명백히 다른 뜻이라고 생각하는 경우에도 그 차이를 이미지로는 다 파악할 수 없는 경우가 있다는 점을 지적했지요. 그런데 우리는 애초에 '같은 뜻', '다른 뜻'이라는 판단을 어떻게 내리고 있을까요? 실은 여기에도 추론이 관여합니다. "두 문장 A, B의 뜻이 같다."를 추론의 관점에서 서술하면 다음과 같아집니다.

A가 사실이라면 B도 반드시 사실이 되며,
또한 B가 사실이라면 A도 반드시 사실이 된다.

이는 즉 두 문장 A, B의 뜻이 같을 경우 A에서 B를 추론할 수 있으며, 또 반대도 가능하다는 뜻입니다. 바꾸어 말하면 '한쪽이 사실이고 다른 한쪽이 사실이 아닌 상황이 존재하지 않는다면' 두 문장의 뜻은 같다는 말입니다. 그리고 "두 문장 A, B의 뜻이 다르다."면 이것의 부정, 즉 A가 사실이어도 B는 사실이 아닌 상황이 있거나, 또는 B가 사실이어도 A가 사실이 아닌 상황이 있거나 둘 중 하나가 됩니다.

여기에서도 앞 장 해설에서 살펴본 "데이트하다."와 "함께 외출해 시간을 보내다."의 예를 들어 생각해 봅시다. "데이트하다."와 "함께 외출해 시간을 보내다."는 둘 다 비슷한 상황을 떠올리게 만듭니다. 그러나 아래와 같은 질문을 받는다면 어떻게 대답하는 것이 옳을까요?

① '철수와 영희가 함께 외출해 시간을 보낸 것'이 사실이라면 '철수와 영희가 데이트했다'도 사실이 되는가?
② '철수와 영희가 데이트를 했다'가 사실이라면 '철수와 영희가 함께 외출해 시간을 보낸 것'도 사실이 되는가?

만약 두 문제 모두에 "예."라고 답할 수 있다면 두 문장은 같은 뜻을 가진 셈입니다. 그러나 보통은 ①에 "아니요."라고 답할 겁니다. 두 사람이 함께 외출해서 시간을 보냈다고 하더라도 데이트를 한 것이라고 단정 지을 수는 없기 때문입니다. ②는 '데이트'를 어떤 것으로 생각하느냐에 따라 답하게 될 겁니다. '밖에 나가서 하지 않는 건 데이트라고 할 수 없다.'라고 생각하는 사람은 "예."라고 답할 것이고, '딱히 외출하지 않아도 데이트라고 말할 수 있지 않나?'라고 생각하는 사람은 "아니요."라고 답할 겁니다. ②의 의견은 갈리더라도 ①은 거의 모든 사람이 "아니요."라고 생각할 것이므로 '철수와 영희가 함께 외출해 시간을 보냈다'와 '철수와 영희가 데이트했다'는 같은 의미가 아님을 알 수 있습니다.

한 가지 예를 더 살펴봅시다. 이번에는 "함께 밖에 나가다."와 "함께 외출하다."입니다.

① '철수와 영희가 함께 밖에 나간 것'이 사실이라면, '철수와 영희가 함께 외출했다'도 사실이 되는가?
② '철수와 영희가 함께 외출한 것'이 사실이라면, '철수와 영희가 함께 밖에 나간 것'도 사실이 되는가?

이 문제에는 둘 다 "예."라고 대답하실 분이 많을 겁니다. 왜냐하면 '함께 외출했으나 함께 밖에 나가지 않았다'라는 상황을 생각할 수 없기 때문이지요. 이로써 "외출하다."와 "밖에 나가다."가 같은 뜻이라고 결론지을 수 있습니다. 이처럼 추론 가능성을 살펴봄으로써 우리가 갖는 '뜻이 같다', '뜻이 다르다'라는 감각을 설명할 수 있습니다.[23]

이 밖에도 앞 장에서 이미지로는 다 파악할 수 없는 것의 예로 들었던 '기능어'의 뜻도 추론과 깊은 관련이 있습니다. 우리는 '그리고', '~(이)거나', '모든', 그리고 가정에 쓰이는 '-면'처럼 추론에 직접 쓰이는 기능어를 아주 쉽게 파악할 수 있습니다. '-만', '-도', '-듯' 등과 같이 "그게 무슨 뜻이지?"라는 질문을 받으면 대답하기 쉽지 않은 기능어의 의미도 추론을 통해 파악할 수 있을 때가 있지요.

저절로 되지는 않는다:
논리적인 사고를 방해하는 것

지금까지 살펴본 것처럼 추론은 우리 인간이 생각하거나 이야기할 때 일반적으로 사용됩니다. 그러나 만약 추론이 그렇게 쉽게 쓸 수 있는 것이라면 왜 세상에는 굳이 논리적인 사고법이나 화법을 공부해야 한다는 풍조가 있는 걸까요? 세상 사람들이 말하는 '논리'가 무척 고난이도 능력처럼 들리다 보니 '나는 논리적인 사고가 서툴다'라고 생각하는 사람도 적지 않아 보입니다. 그러나 이 중 많은 경우는 논리 그 자체가 어렵기 때문이 아닌, 다른 다양한 요인들 때문으로 볼 수 있습니다.

1. 감정과 입장

그러한 요인 중 하나로 '감정'이나 '입장'이 있습니다. 살다 보면 감정적으로 인정하고 싶지 않은 일, 혹은 인정해 버리면 내 입장이 불리해지는 일이 많지요. 그렇게 '받아들이기 힘든 결론'이 나올 때, 우리는 의식적으로 혹은 무의식적으로 논리를 어그러뜨리려고 하기 쉽습니다. 또한 누군가가 내심 "어떤 방법으로든 이런 결말을 끌어내고 싶다."와 같이 결정하고 실행하는 경우에도 논리는 힘을 발휘할 수가 없습니다. 회의 자리 등에서 처음부터 결론이 정해져 있었기 때문에 정직한 의견을 내도 통하지 않았던 경험을 가진 분도 적지 않을 겁니다. 개인적인 잡담을 나눌 때도 "설령 이게 사실과 다르더라도 내가 이렇게 생각하니까 이건 반드시 이거야."라는 태도를 고수하는 사람에게는 어떤 말을 해도 통하지가 않습니다.

2. 오류

두 번째 요인으로는 '단순한 오류'를 들 수 있습니다. 추론 패턴 하나하나는 단순해도 그것들이 몇 개씩 쌓이면 따라가기 어려워지기 시작하고, 그 과정에서 놓치는 것도 많아집니다. 특히 "A의 경우는 이렇지만 B의 경우는 이렇다."처럼 경우에 따라 달라질 필요가 있을 때는 '후에 되돌아와야 하는 지점'이 늘어나기 때문에 쉽지 않지요. 이렇게 되면 익숙해짐과 기억력이 필요해집니다.

또 사실은 올바른 추론 패턴이 아닌데도 바르게 보이는 패턴이 몇 가지 있는데, 때때로 그런 패턴들이 오류를 불러일으킵니다. 예를 들어 다음 패턴은 위에서 소개한 '패턴 2'와 비슷하지만 실은 올바른 추론 패턴이 아닙니다.

틀린 추론 패턴

전제 A는 전부 B. x는 A가 아니다.

결론 x는 B가 아니다.

-예-

전제 A) 65세 이상인 사람은 전부 B) 5,000원으로 영화를 볼 수 있다. x) 철수는 A) 65세 이상인 사람이 아니다.

결론 x) 철수는 B) 5,000원으로 영화를 볼 수 없다.

위의 추론 예문이 틀렸다는 것을 알기란 그리 어렵지 않을 겁니다. 설령 전제가 옳더라도 "고령자 할인 외의 할인 서비스가 있으며 철수는 그것을 이용할 수 있다."라는 가능성이 반드시 배제되지는 않기 때문입니다. 그러나 경우에 따라서는 이러한 추론의 오류를 알아보기가 어려울 때도 있습니다. 예컨대 당신이 힘든 일이 계속되어 정신적으로 몹시 궁지에 몰려 있을 때 누군가 당신에게 "이 항아리를 산 사람은 모두 행복해집니다. 당신은 이 항아리를 사지 않았습니다. 그래서 행복해질 수 없는 겁니다."라고 말한다면 어떨까요? 자기도 모르게 살 마음이 들지 않을까요?

3. 말의 정의

세 번째 요인으로 '말이 제대로 정의되어 있지 않은 점'을 들 수 있습니다. '정의'라는 것 자체를 정의하는 일은 간단치 않지만, 여기에서는 "A라는 말을 정의할 수 있다."라는 말이 "어떤 것에 대해서 그것이 A인지 아닌지를 판단할 수 있다."라는 뜻이라고 합시다. 이렇게 정해 두지 않으면 나와 상대방이 같은 말을 다른 뜻으로 써서 이야기가 맞물리지 않게 되는 일이 생깁니다.

예를 들어 두 사람이 고령화 사회에 대해 토론하면서, '고령자'라는 말을 한 사람은 '75세 이상인 사람'이라는 뜻으로, 다른 한 사람은 '65세 이상인 사람'이라는 뜻으로 쓴다면 어떻게 될까요? 68세인 사람에 대해 도출되는 결론은, 설령 논리적이라 하더라도 합의가 되지 않을 것이 분명합니다. 이때는 '뭔가 이상하다'라고 느낀 둘 중 한쪽이 상대방에게 "'고령자'라는 단어를 어떤 의미로 쓰고 있나요?"라고 확인하면 끝날 일일지 모릅니다. 하지만 한쪽이 고의적으로 단어의 정의를 흐릿하게 써서 어떤 때는 '65세 이상'을 전제로 이야기하고, 다른 때는 '75세 이상'을 전제로 이야기해서 상대방이 그 불일치를 눈치채지 못하도록 의도할 경우에는 아주 성가셔지지요.

4. 숨겨진 전제

네 번째 요인으로 '숨겨진 전제를 의식하지 않는 점'이 있습니다. 앞서 "영희는 개를 키운다."에서 "영희는 동물을 키운다."라는 사실이 추론된다는 이야기를 했는데, 이 추론에는 "개는 동물이다."라는 지식이 필요합니다. 자세한 내용은 다음 장 이후에 살펴보겠으나, 추론의 전제에 이 지식이 더해져야만 "영희는 동물을 키운다."라는 결론을 얻을 수 있습니다. 즉 이 지식을 가진 사람은 "개는 동물이다."라는 지식을 굳이 듣지 않아도 추론할 수 있지만 그렇지 않은 사람은 할 수 없다는 말입니다. 이러한 숨겨진 전제의 존재를 화자 또는 청자가 의식하고 있느냐 아니냐에 따라 커뮤니케이션의 성패가 좌우됩니다. 이 예만 보면 "개는 동물이다."라는 사실을 모르는 사람이 더 적을 테지만, 이보다 훨씬 전문적인 이야기로 들어갈 때에는 나와 상대방 사이에 '전제가 모두 공유되고 있는지'에 주의할 필요가 있습니다.

5. 모호성

다섯 번째 원인으로 '언어의 모호성'을 들 수 있습니다. 우리가 발화하는 말은 우리의 생각 이상으로 흥미롭습니다. 이를테면 우리는 "사자는 동물이다.", "사자는 위험하다."와 같이 "A는 B다."와 같은 형태를 곧잘 사용하는데, 이 형태의 문장에는 적어도 다음과 같은 다른 뜻이 있습니다.

① 모든 A는 예외 없이 B다.
② A는 대부분 B다. (그러나 예외도 있다)
③ 특정한 A는 B다.
④ 종류로서의 A는 B다.

"사자는 동물이다."라는 문장은 ①에 해당합니다. 현실에서 모든 사자는 예외 없이 동물이기 때문입니다. 이에 반해 "사자는 위

188

험하다."라는 문장은 일반적으로 생각해서 ①이 아니라 ②일 겁니다. 세상에는 전혀 위험하지 않은 사자도 있을 테지만, 그럼에도 이 발언이 부적절하지는 않기 때문입니다. "사자는 행방이 묘연하다."라는 문장은 ③에 해당한다고 생각하는 것이 일반적이겠지요? 또 "사자는 위험하다."라는 문장도 만약 어떤 동물원에서 사육하고 있는 특정 사자에 대해 발언한 경우는 ③의 뜻으로 쓰였다고 생각할 수 있습니다. ④는 ①과 비슷하지만 엄밀히 따지면 다릅니다. 이를테면 "사자는 백수의 왕이다."라고 말할 경우에는 ①이 아니라 ④로 해석하는 편이 좋습니다. 왜냐하면 이 문장은 사자라는 '종'과 다른 동물 종과의 관계를 말한 것으로 해석하는 편이 자연스럽고, "모든 사자 개체가 예외 없이 백수의 왕이다."라는 말로 생각하기는 어렵기 때문입니다. "A는 B다."라는 형태의 문장에는 이 밖에도 "여름은 역시 맥주지."라거나 "예술은 폭발이야."처럼 ①~④만으로는 다 파악할 수 없는 것들이 있습니다.

누군가가 "A는 B다."라고 말했을 때, 그것이 어떤 뜻으로 쓰였는지를 알지 못하면 거기에서 어떠한 결론이 도출될지를 올바르게 판단할 수 없습니다. 대부분의 경우에는 그 자리의 상황이나 문맥에 따라 어느 정도 이해의 폭을 좁힐 수 있지만, 이것도 늘 수월하지만은 않습니다. 특히 ③의 뜻으로 말한 것이 ①이나 ②로 오해받거나, ②의 뜻으로 말한 것을 ①로 오해받거나 하면 큰일이 나지요. 일상에서도 별생각 없이 내뱉은 "여자는 ……다.",

"젊은이는 ……다.", "어디 어디 사람은 ……다." 같은 발언이 '모든 ~'에 대한 발언으로 해석되어 발언자가 염두에 두지 않았던 결론이 추론되는 사태가 종종 눈에 띕니다.

기계가 내리는 논리적인 판단:
함의 관계 인식

논리적인 사고를 방해하는 요인은 여러 가지가 있지만, 우리가 말을 이해할 때 특히 추론을 많이 사용하는 것은 사실입니다. 그렇기 때문에 진정한 의미에서 말을 이해하는 기계를 만들려면 추론 능력을 무시할 수 없습니다.

앞선 에피소드에서 족제비들에게 주어진 과제는 '함의 관계 인식'이라 부르는 것으로, 2006년경부터 연구가 활발히 이루어지고 있는 주제입니다.[24] 함의 관계 인식이란 구체적으로 기계에 한 쌍의 문장을 주고 한쪽(전제)에서 다른 한쪽(결론)을 추론할 수 있는지 판단하게 만드는 일입니다.[25] 대부분의 경우 답의 패턴에는 다음 세 가지가 있습니다.[26]

○ : '전제'가 참이라면 '결론'도 참이다.

× : '전제'가 참이라면 '결론'은 거짓이다.

? : '전제'가 참이어도 '결론'이 참인지 거짓인지는 모른다.

이것의 실현을 위해 구체적으로 어떤 방법이 사용되고 있는지를 다음 장에서 자세히 살펴보겠습니다.

6장

족제비들은 과연 1,000개의 문제를 풀 수 있을까?

문장 사이의 논리적 관계를 이해하는 능력2

"아~아, 짜증 나!"

족제비 마을 피해자 모임이 열린 며칠 뒤 아침, 족제비들이 투덜거리는 소리가 들려오네요.

"진짜 우리가 어쩌다가 이런 일을 하게 된 거야?"

족제비들은 너구리가 보내온 1,000개의 예제를 땅 위에 펼쳐 보고 있었어요. 함께 도착한 너구리의 편지에는 "이런 문제를 제대로 풀 줄 아는 기계를 만들면 다른 마을들도 용서해 줄 겁니다."라고 적혀 있었어요. 족제비들은 이 예제들을 분석하고, 예제를 풀 수 있는 기계를 만들어 한 달 뒤 '제2회 족제비 마을 피해 자 모임'에서 성과를 발표해야 합니다. 동물들은 제2회 모임에서 족제비들이 만든 기계에게 지금의 예제와는 또 다른 1,000개의 문제를 풀게 해서 완성도를 확인하겠다고 말했었죠.

너구리의 편지에는 "이런 문제를 풀 줄 아는 기계를 개발하는 일이 곧 말을 이해하는 로봇을 만드는 일로 이어질 게 분명합니다."라고도 적혀 있었어요. 하지만 족제비들은 무슨 말인지 전혀 이해하지 못했어요. 제1회 모임 때 중간부터 쭉 잠들어 있었으니 아무도 이 예제가 뭘 뜻하는 건지조차 알지 못했죠.

"그나저나 이게 대체 무슨 문제람?"

족제비들은 예제 몇 가지를 살펴봅니다.

예제 1

A. 개미 철수는 각설탕을 먹고, 그리고 개미 영희는 가루 설탕을 먹었다.

B. 개미 철수는 각설탕을 먹었다.

정답 ○

예제 2

A. 개미 철수는 각설탕을 먹었다.

B. 개미 철수는 각설탕을 먹고, 그리고 개미 영희는 가루 설탕을 먹었다.

정답 ?

예제 3

A. 모든 물고기 마을의 주민은 다이빙 면허를 가지고 있다. 물고기 진영이는 물고기 마을 주민이다.

B. 물고기 진영이는 다이빙 면허를 가지고 있다.

정답 ○

예제 4

A. 물고기 진영이는 다이빙 면허를 가지고 있다. 물고기 진영이는 물고기 마을 주민이다.

B. 물고기 마을 주민은 모두 다이빙 면허를 가지고 있다.

정답 ?

A. 올빼미 돌이가 범인이라면, 올빼미 순이는 무죄다. 그리고 올빼미 돌이는 범인이다.

B. 올빼미 순이는 무죄다.

정답 ○

A. 올빼미 순이는 무죄다.

B. 올빼미 돌이가 범인이라면, 올빼미 순이는 무죄다. 그리고 올빼미 돌이는 범인이다.

정답 ?

"뭐지? A와 B가 있고 '○'나 '?'라는 답이 붙어 있네."

"아, 알겠다. 위의 문장이 아래 문장을 포함하는지 아닌지를 묻는 거다. 포함했다면 '○'고 포함을 안 했다면 '?'인 거네."

"응? '포함했다'란 게 무슨 말이야?"

"그러니까 아래 B 문장에 나오는 단어가 전부 위의 A 문장에 들어 있으면 된다는 말이지. 예제 2를 보면 B 문장에 있는 '그리고 개미 영희는 가루 설탕을'이 A 문장에 들어 있지 않고, 예제 4는 '모두'가, 예제 6은 '올빼미 돌이가 범인이라면'이 안 들어 있잖아."

"아하. 근데 그렇게 간단한 문제를 굳이 왜 냈지?"

"아냐, 이 정도만 풀면 되나 보지. 우리 너무 깊게 생각하지 말자. 분명히 문제를 낸 동물들도 별생각 없었을 거야. 이 문제들을 낸 게 까짓 물고기에 개미에 카멜레온 같은 동물들이잖아? 그 녀석들이 제대로 생각할 리가 없지. 결국 열심히 생각해 봤자 우리 손해라고. 그러니까 대충 하자, 대충."

"그 말이 맞아. 우리 대충 하자."

족제비들은 우선 A 문장이 B 문장의 단어를 전부 포함하고 있으면 'ㅇ'로 답하고 그렇지 않으면 '?'로 답하는 기계를 만들어 보았어요. 기계를 만들기 위해 두더지 마을에 가서 '두더지 귀'에 넣는 '문장을 단어로 분할하는 부품'을 받아 왔어요. 이 부품을 기계에 탑재하면 A 문장과 B 문장을 단어마다 나누어서 비교할 수 있으니 식은 죽 먹기일 거라 기대했죠.

"와아, 벌써 다 했다."

"좋았어, 답이 맞는지 확인해 보자."

족제비들은 완성한 기계에 '문제'를 읽혔어요. 족제비들은 두근거리는 마음으로 결과를 기다렸지만, 결과는 끔찍했답니다.

"엥! 1,000개 문제 중에 정답이 75개밖에 없다고?!"

"정답률이 10%도 안 되잖아!"

족제비들은 문제를 살펴봅니다. 아까 살펴본 예제 1번에서 6번 까지는 모두 정답을 맞혔지만 바로 다음 7번과 8번 예제는 틀렸 다고 하네요.

예제 7

A. 물고기 마을 주민은 모두 다이빙 면허를 가지고 있다. 물고기 진영이는 다이빙 면허를 가지고 있다.

B. 물고기 진영이는 물고기 마을의 주민이다.

정답 ?   **족제비들의 답** ○

예제 8

A. 올빼미 돌이가 범인이라면, 올빼미 순이는 무죄다. 그 리고 올빼미 순이는 무죄다.

B. 올빼미 돌이가 범인이다.

정답 ?   **족제비들의 답** ○

"이 두 문제의 정답이 왜 '?'야? 영문을 모르겠네."
"여기 이것 좀 봐. 다음 문제는 답이 '×'라네. 이거 뭐지?"

족제비들은 이제야 '×'가 붙는 문제가 있는 걸 눈치챘어요.

예제 9

A. 두더지 훈이는 축구를 잘하지 않는다.

B. 두더지 훈이는 축구를 잘한다.

정답 ✕　　　　**족제비들의 답** ○

예제 10

A. 개미 신은 각설탕을 좋아한다.

B. 개미 신은 각설탕을 좋아하지 않는다.

정답 ✕　　　　**족제비들의 답** ？

"으음~. 이건 한쪽 문장에 '~하지 않는다'가 포함되면 '✕'가 된다는 얘긴가?"

족제비들은 '위 문장이 아래 문장의 단어를 전부 포함한다면 ○, 그렇지 않으면 ?'라는 조건에 더해 '어느 쪽 문장 속에든 '~하지 않는다'가 들어 있으면 ✕'라는 조건을 추가로 넣어 기계를 움직여 보았어요. 그러자 정답 수가 1,000개 문제 중 83개로 늘었어요.

"조금 늘긴 했지만, 아직 한참 멀었네."

"이런, 저 문제가 틀렸대. 아까는 정답이었는데."

족제비들은 실망했어요. 그리고 이미 생각하는 데도 질려 버렸죠. 왜 잘되지 않는 건지 나름대로 생각해 봤자 알 수가 없으니 (원래 이 문제가 뭘 묻는 문제인지를 모르니 당연했어요) 의욕이 완전히 사라지고 말았답니다.

"이제 이런 거 싫다. 그만하자."

"맞아. 우리 다 같이 너구리한테 항의하러 가자. 이런 거 더 이상 하기 싫다고."

"그래, 그러자!"

족제비들은 줄을 지어 다 함께 너구리의 집으로 향합니다. 불려 나온 너구리가 족제비들의 항의에 놀란 표정을 감추지 못하네요.

너구리 "아니, 지금 무슨 소리를 하는 건가? 회의에서 내린 결정을 이제 와서 뒤집을 수는 없어. 다른 마을 동물들이 자네들을 팔아 버리자는 얘기까지 했던 걸 기억 못 하는 건 아니겠지?"

족제비들 "기억이야 하지만 문제가 너무 어렵단 말이에요."

족제비들은 너구리에게 그만두자는 생각에 이르기까지의 경위를 설명했지만, 너구리는 그저 기가 막힐 따름이었어요. 문제가 1,000개나 있는데 앞부분 조금만 보고 벌써 포기하다니요.

너구리 "아무리 그래도 이렇게 빨리 포기하면 쓰겠나?"

족제비들 "하지만 어떻게 해야 될지를 모르겠는데 어떡해요. 너구리 의장님은 알아요?"

너구리 "나도 잘 모르지만 그래도 이렇게 하면 좋겠다 싶은 건 있었어. 실은 나도 중간까지 시도해 본 방법이 있었거든."

너구리의 말에 족제비들의 눈빛이 반짝이는군요.

족제비들 "그거, 우리한테 가르쳐 줘요!"

족제비들은 어떻게라도 너구리에게 실마리를 캐묻기 위해 일제히 "힌트 줘요! 힌트 줘요!"를 합창하기 시작했어요. 끝내 너구리가 "자네들이 진심으로 이 문제에 몰두할 마음이 있다면 설명해 주지."라고 말하자 족제비들은 힘차게 고개를 끄덕였어요. 너구리는 집 안에서 기계를 들고나와서 족제비들에게 보여 줬어요. 기계 화면에는 다음과 같은 패턴들이 많이 떠 있었죠.

패턴 1

전제: P나 Q나 둘 중 하나이다. P는 아니다.

결론: Q.

패턴 2

전제: 모든 A가 B. x는 A다.

결론: x는 B.

패턴 3

전제: P(는 옳다).

결론: 'P는 아니다'는 틀리다.

<중략>

패턴 5

전제: P 그리고 Q.

결론: P.

패턴 6

전제: P라면 Q. 그리고 P.

결론: Q.

<후략>

족제비들 "이게 다 뭐예요?"

너구리 "'올바른 추론의 패턴'이네. 나도 자네들에게 준 예제들 같은 문제를 풀어 보려고 했던 적이 있었는데, 그때 모은 것들이지."

족제비들은 잘 이해하지 못했지만 너구리는 계속 설명했어요.

너구리 "내가 자네들에게 준 문제들은 '전제' A 문장에서 '결론' B 문장이 추론 가능한지 아닌지를 묻는 문제들일세. 올바른 추론에 일정한 패턴이 있다는 건 알지? 패턴들은 무수히 많지만 기계에게 몇 안 되는 기본적인 패턴만 주면 나머지는 기계가 알아서 계산하거든. 그러니까 만약 내가 자네들 입장이라면 예제의 A 문장과 B 문장을 추론의 패턴에 적용할 수 있도록 만들겠네."

이런 말을 해 주어도 족제비들은 그저 멍할 뿐이네요. 너구리는 일단 예를 보여 주기로 했어요. 너구리가 예제 1의 A 문장인 "개미 철수는 각설탕을 먹고, 그리고 개미 영희는 가루 설탕을 먹었다."를 기계에 입력하자 화면 위에 다음과 같은 변화가 일어났답니다.

개미 철수는 각설탕을 먹고, 그리고 개미 영희는 가루 설탕을 먹었다.

↓ '그리고' 앞을 P, '그리고' 뒤를 Q라고 한다.

P) 개미 철수는 각설탕을 먹고, 그리고 Q) 개미 영희는 가루 설탕을 먹었다.

↓ 패턴 5를 적용

P) 개미 철수는 각설탕을 먹고,

↓ '먹고'를 '먹었다'로 수정

개미 철수는 각설탕을 먹었다.

넋을 놓고 있던 족제비들도 이 변화의 의미는 알 수 있었어요.

족제비들 "오오, 대단하다! 예제 1의 A 문장이 B 문장으로 바뀌었어!"

너구리 "이해가 가나? 올바른 추론의 패턴에 A 문장을 넣어서 B 문장이 나오면, 그건 A 문장에서 B 문장이 추론 가능하다는 말일세. 그러니까 답은 'ㅇ'지."

너구리가 또 다른 문제도 보여 주네요.

개미 신은 각설탕을 좋아한다.

↓ 문장 전체를 P라고 한다.

P) 개미 신은 각설탕을 좋아한다.

↓ 패턴 3을 적용

'P) 개미 신은 각설탕을 좋아한다하지 않는다'는 거짓
이다.

↓ '좋아한다하지 않는다'를 '좋아하지 않는다'로 수정

'개미 신은 각설탕을 좋아하지 않는다'는 거짓이다.

너구리 "어떤가? 이게 예제 10일세. A 문장을 추론 패턴에 넣어 결과적으로 'B 문장은 거짓이다'가 나오면 A 문장에서 'B 문장의 부정'이 추론된다는 말이야. 즉 정답은 '×'지."

족제비들은 감탄합니다.

족제비들 "저기, 답이 '?'가 되는 문제는요?"

너구리 "A 문장을 추론 패턴에 넣었을 때 B 문장도, B 문장의 부정도 나오지 않는다면 답을 '?'로 두면 되네."

족제비들 "그러면 전부 풀 수 있는 거예요?"

너구리 "적어도 자네들이 본 범위 내의 문제는 다 풀 수 있지. 아, 그렇군. 이 문제도 풀어서 보여 줌세."

너구리는 족제비들이 아직 못 본 문제를 손으로 가리켰어요.

예제 12

A. 모든 개미는 성실한 일꾼이고, 그리고 모든 베짱이는 게
으름뱅이다. 개미 철수는 개미다.

B. 개미 철수는 성실한 일꾼이다.

정답 ○

너구리 "이 문제를 풀려면 두 가지 패턴을 조합해야 하지. 잘
보게."

모든 개미는 성실한 일꾼이고, 그리고 모든 베짱이는
게으름뱅이다. (A 문장의 첫 번째 문장)

↓ '그리고' 앞을 P, '그리고' 뒤를 Q라고 한다.

P) 모든 개미는 성실한 일꾼이고, 그리고 Q) 모든 베
짱이는 게으름뱅이다.

↓ 패턴 5를 적용

P) 모든 개미는 성실한 일꾼이고,

↓ '성실한 일꾼이고'를 '성실한 일꾼이다'로 수정

모든 개미는 성실한 일꾼이다.

↓ A 문장의 두 번째 문장을 추가

> 모든 개미는 성실한 일꾼이다. 개미 철수는 개미다.
>
> ↓ '개미'를 A, '성실한 일꾼이다'를 B, '개미 철수'를
> x라고 한다.
>
> 모든 A) 개미는 B) 성실한 일꾼이다. x) 개미 철수는 A)
> 개미다.
>
> ↓ 패턴 2에 적용
>
> x) 개미 철수는 B) 성실한 일꾼이다.

너구리 "예제 12는 이런 식으로 패턴 5와 패턴 2를 조합해서 풀 수 있네. 패턴의 수는 적어도 조합하면 풀 수 있는 문제가 많아져."

흥분한 족제비들이 말했어요.

족제비들 "근데 너구리 의장님, 문제를 푸는 기계가 이미 만들어져 있는데 왜 굳이 우리가 풀어야 하는 거죠?"

너구리 "아냐, 이 기계로는 아직 역부족일세. 여러 가지 문제가 있어서 말이지."

너구리는 그렇게 말했지만, 이미 족제비들의 머릿속에는 너구리에게서 이 기계를 받아 갈 일밖에는 없었어요. 이 기계만 있으

면 제2회 모임 때까지 여유롭게 시간을 보낼 수 있을 거라는 계산이었죠. 족제비들은 너구리에게 끈질기게 매달린 끝에 '문제를 푸는 기계'를 받아 냈어요.

너구리 "하지만 이 기계로 더 많은 문제를 풀기엔 아직 많은 과제가 남아 있다네. 우선은⋯⋯."

설명을 시작하려던 너구리는 어느새 족제비들이 사라진 것을 알았지요. 족제비들은 벌써 너구리의 기계를 들고 산길을 내려가는 참이었어요. 너구리는 한숨을 쉽니다.

너구리 "뭐, 괜찮겠지. 금방 또 올 것 같으니."

족제비 마을로 돌아간 족제비들은 곧바로 너구리의 기계로 문제를 풀어 봅니다.

"문제 1,000개를 전부 다 풀 수 있을까?"
"글쎄, 기대가 너무 커도 실망이 클 거야. 기껏해야 한 990문제 정도 맞히지 않겠어?"
"난 전부 다 풀 수 있을 거라고 생각해!"

드디어 기계가 작동을 멈추고 정답을 맞힌 문제 수를 표시했을 때, 족제비들은 눈을 의심했어요.

"54문제?!"
"뭐야, 아까보다 정답 수가 더 줄었어!"

족제비들은 기계가 맞히지 못한 문제를 살펴보았어요. 그러자 기계가 아예 풀지 않은 문제도 많은 것이 보였어요.

"왜 안 풀어?!"
"너구리 의장이 우리에게 엉터리 기계를 넘겼다!"

족제비들은 화를 내며 너구리의 집으로 다시 향했어요. 너구리는 족제비들이 올 것을 예상하고 있었기에 집 밖에 테이블을 내놓고 차를 마시고 있었답니다. 그리고 족제비들을 보자마자 이렇게 말했죠.

너구리 "자네들, 기계가 풀지 않는 문제가 많다고 또 항의하러 왔지?"

하려던 말을 먼저 들은 족제비들이 깜짝 놀라 말하네요.

족제비들 "알고 있었으면서 왜 가르쳐 주질 않았어요?"

너구리 "설명하려는데 자네들이 먼저 가지 않았나. 이 기계에 예제 1,000개를 그대로 넣으면 맞힐 수 있는 문제는 아주 적어. 왜인지 아나?"

족제비들은 고개를 가로저었어요.

너구리 "왜냐하면 예제들 중 많은 문장이 추론의 패턴에 바로 넣을 수 없는 형태를 하고 있기 때문일세. 다음 세 가지 문제를 예로 들어 보지. 이 문제들, 눈에 익지 않나?"

예제 29

A. 개미 철수는 각설탕을 먹고, 거기다가 개미 영희는 가루 설탕을 먹었다.

B. 개미 철수는 각설탕을 먹었다.

정답 ○

예제 34

A. 개미 철수는 각설탕을 먹고, 개미 영희는 가루 설탕을 먹었다.

B. 개미 철수는 각설탕을 먹었다.

정답 ○

> **예제 72**
>
> A. 개미 철수는 각설탕을, 개미 영희는 가루 설탕을 먹었다.
>
> B. 개미 철수는 각설탕을 먹었다.
>
> **정답** ○

족제비들도 이 문제들이 예제 1과 거의 비슷하다는 걸 알게 되었어요. 다만 A 문장이 조금씩 다르군요.

너구리 "예제 1의 A 문장은 '개미 철수는 각설탕을 먹고, 그리고 개미 영희는 가루 설탕을 먹었다.'였지. 하지만 에제 29의 A 문장은 '그리고' 대신에 '거기다가'가 들어갔고, 예제 34에는 '그리고'에 해당하는 것이 없어. 또 예제 72에서는 '먹고'가 사라져 있다네."

족제비들 "그렇지만 예제 1과 대체로 뜻이 같은데 예제 1처럼 풀 수 없다니 이상하네요."

너구리 "맞는 말이야. 하지만 이 문제들은 예제 1을 푸는 추론의 패턴, 즉 패턴 5에 직접 넣을 수 없어. 그래서 패턴 5에 넣을 수 있도록 문장 형태를 바꿀 필요가 있지."

> **패턴 5**
>
> **전제** P 그리고 Q.
>
> **결론** P.

족제비들 "문장 형태를 바꾼다는 건 어떻게 하는 건가요?"

너구리 "나라면 문장 형태를 바꾸기 위한 규칙을 만들 걸세. 예를 들면 다음과 같은 느낌으로 말이야. 그런 다음에 패턴 5에 넣으면 되겠지."

문장의 형태를 바꾸는 규칙 1

x는 y를, z는 a를 B. → x는 y를 B, 그리고 z는 a를 B.

예 : 예제 72

개미 철수는 각설탕을, 개미 영희는 가루 설탕을 먹었다.

↓ 규칙 1을 적용

개미 철수는 각설탕을 먹고, 그리고 개미 영희는 가루 설탕을 먹었다.

↓

패턴 5에 적용

족제비들 "흐~응."

너구리 "이 부분을 제대로 해내지 못하면 더 많은 문제를 풀 수 없으니 주의해야 하네. 특히 문장 형태를 바꾸는 규칙을 만들려면 공부를 많이 해야 하지. 잠깐 기다려들 보게."

너구리는 집 안으로 들어가 두꺼운 책을 몇 권씩 안고 돌아왔어요.

족제비들 "그게 다 뭐예요?"

너구리 "참고할 만한 책들이 있으니 내 빌려줌세. '그리고'와 그 비슷한 말들에 대해 쓰여 있는 책들이야."

족제비들 "'그리고' 하나가 이렇게나 많이?! 이걸 전부 다 읽어야 해요?"

너구리 "물론이네. 아, '~하지 않는다'나 '모두'나 '~(이)라면'이나 '~(이)거나'에 관한 책도 있으니까 빌려주지."

너구리는 또다시 집으로 들어가 대량의 책을 들고나왔어요. 각각 딱 하나의 말에 관한 책들이 몇 권씩이나 있군요. 어마어마한 양의 책을 본 족제비들은 온몸이 창백하게 질렸어요. 족제비들은 머뭇머뭇 몇 권의 책을 펼쳐 보았지만, 무슨 말인지 도통 알 수가 없었답니다. 너구리가 "아직 더 있다네." 하며 또다시 집으로 들어가자 족제비들은 부리나케 도망쳐 족제비 마을로 향했어요. 산더미 같은 책들을 안고 나온 너구리는 족제비들이 그새 또 사라진 것을 알았어요.

너구리 "아, 또 떠났나? 아직 더 해 둘 말이 있었는데……."

족제비 마을로 돌아온 족제비들은 다시 대충 작업을 시작합니다.

"너구리 의장은 공부를 해라 마라 했지만, 요점은 그러니까 여러 가지 문장을 그 패턴인가 뭔가에 넣을 수 있게 만들면 된다는 거지?"

족제비들은 그렇게 말하면서 우선 1,000개의 예제 중에서 패턴 5의 'P 그리고 Q'에 넣을 수 있을 것 같아 보이는 문장을 찾았어요. 그중에는 다음과 같은 것들이 있었죠.

> 개미 철수는 각설탕을 먹고, 또 개미 영희는 가루 설탕을 먹었다.
> 개미 철수는 각설탕을 먹고, 또한 개미 영희는 가루 설탕을 먹었다.
> 개미 철수는 각설탕을 먹었지만, 개미 영희는 가루 설탕을 먹었다.

> 개미 철수는 각설탕을 먹었는데, 개미 영희는 가루 설탕을
> 먹었다.
> 개미 철수는 각설탕, 개미 영희는 가루 설탕을 각각 먹었다.
> 개미 철수와 개미 영희는 각각 각설탕과 가루 설탕을 먹었다.
> 개미 철수와 개미 영희 둘은 각각 각설탕과 가루 설탕을 먹
> 었다.
> 개미 철수와 개미 영희는, 각설탕과 가루 설탕을 먹었다.
> ……

"아직도 한참 더 남았어. 이걸 꼭 전부 패턴 5에 넣을 수 있게 '개미 철수는 각설탕을 먹고, 그리고 개미 영희는 가루 설탕을 먹었다.'로 고쳐야 하나?"

"심지어 그런 식으로 바꾸는 게 좋을지 애매한 것도 있어. 예를 들면 이런 거야.

> 개미 철수와 개미 영희는, 각설탕과 가루 설탕을 서로에게
> 선물했다.

이게 보기에는 '개미 철수와 개미 영희는, 각설탕과 가루 설탕을 먹었다.'랑 비슷하지만 패턴 5에 들어갈 형태로 고치면 '개미 철수는 각설탕을 서로에게 선물하고, 그리고 개미 영희는 가루

설탕을 서로에게 선물했다.'가 나와 버리잖아. 안 이상해?"

"이상한가? 뭐 그냥 괜찮지 않아?"

"아냐, 이상해! 이상한 걸 모르는 녀석이 더 이상하다!"

"뭐가 어쩌고 어째?!"

살짝 짜증이 나 있던 족제비들이 다투기 시작하네요. 너구리가 이런 경우까지 내다보고 책을 빌려주려 했던 건데, 족제비들은 알지 못했죠. 족제비들은 지쳐서 다툼을 멈추고 자리에 드러누웠어요.

"패턴 5 하나가 이렇게 복잡하다니……."

족제비들은 질려 버렸지만 마음을 가다듬고 '패턴 2'를 다시 살펴보기로 했죠.

패턴 2

전제 모든 A가 B. x는 A다.

결론 x는 B.

여기에 들어가는 문장에도 '모든 A가 B'와 같은 형태의 것 외에 'A는 전원 B', '온갖 A는 B', 'A는 모두 B', '어떤 A든 B' 등 다양한 것이 있습니다. 그런 문장들을 찾고 있을 때, 한 족제비가 이상한 문제를 발견했어요. 너구리의 기계가 풀어 낸 몇 안 되는 문제 중 하나인데 답을 틀린 것 같네요.

"있잖아, 이 예제는 정답이 왜 '?'일까?"

예제 78

A. 모든 물고기 마을의 주민이 다이빙 면허를 가지고 있는 것은 전 세계에 알려져 있다. 물고기 진영이는 물고기 마을의 주민이다.

B. 물고기 진영이가 다이빙 면허를 가지고 있는 것은 전 세계에 알려져 있다.

정답 ?　　　　**너구리 기계의 답 ○**

"진짜 이상하네. 앞에 나왔던 예제 3이랑 거의 비슷한데. 문제랑 너구리 기계 중에 어느 쪽이 이상한 거지?"

예제 3

A. 모든 물고기 마을의 주민은 다이빙 면허를 가지고 있다. 물고기 진영이는 물고기 마을 주민이다.

B. 물고기 진영이는 다이빙 면허를 가지고 있다.

정답 ○　　　　**너구리 기계의 답 ○**

족제비들은 다시 함께 너구리의 집으로 향합니다. 너구리는 족제비들이 또 올 거란 걸 알고 있었기에 정원 나무에 해먹을 걸고 누워서 책을 읽고 있었지요. 족제비들의 의문에 너구리가 대답합니다.

너구리 "아, 예제 78말이지? 그건 '?'가 정답일세. 집단에 관한 사실이 잘 알려져 있다고 해서 거기에 속한 개개인에 대한 사실도 잘 알려져 있다고 단언할 수는 없으니까 말이야."

족제비들 "그럼 너구리 의장님 기계가 틀렸다는 말이에요?"

너구리 "맞네. 예제 78은 패턴 2에 넣으면 안 되는데 내 기계는 거기에 넣어 버리지. 아까 자네들이 돌아가기 전에 그 말을 하려고 했었는데 말이네."

족제비들 "왜 예제 78은 패턴 2에 넣을 수 없죠? 넣을 수 있는 형태 같은데."

너구리 "겉보기엔 그렇지만 실은 다르다네. 아직 안 했던 말인데, 문장에는 구조가 있거든. 문장을 추론 패턴에 넣을 때는 그 구조를 볼 필요가 있어."

족제비들 "구, 구조~?"

너구리 "문장의 구조란 단어가 어떻게 조합되어 문장을 이루는지를 말하지. 문장이란 건 겉보기에는 단순한 단어의 나열 같지만 실제로는 그렇지 않다네. 그 증거로 겉보기엔 완전히 같은 문장이어도 단어가 어떻게 조합되어 있는지에 따라서 단어와 단어의 수식 관계가 바뀌어 의미가 달라지는 일도 있거든. 예를 들면 이런 문장이 있지. 자네들은 어떻게 생각하나?

하얀 족제비의 집에서 사 온 케이크를 먹었다.

이 문장에서 '하얀' 건 뭐겠나?"

족제비들 "하얀 건 족제비죠. 당연한 말을." "그런가? 난 집이라고 생각했어. 보통 새하얀 족제비는 별로 없잖아?" "무슨 소리야? 날 봐. 겨울털 담비처럼 하얗잖아?" "하얗긴, 그렇게 얼룩덜룩한 색은 하얗다고 하지 않아." "뭐라고?!"

족제비들의 의견이 좀처럼 합의점을 찾지 못하는군요. 게다가 분위기는 점점 험악해져 갑니다. 너구리는 족제비들이 본격적으로 싸움을 시작하기 전에 다음 질문을 하기로 했어요.

너구리 "잠깐만, 이것도 생각해 보게. 같은 문장 안에 '사 온 케이크'라는 말이 있는데, 그 케이크는 어디에서 사 온 거라고들 생각하나?"

족제비들은 잠시 생각한 후에 제각기 답했어요.

족제비들 "그야 '하얀 족제비의 집'에서 사 온 거 아닌가요? 무슨 당연한 말을." "하지만 보통 가정집에서 케이크를 사는 건 이상하잖아? 어디 가게에서 사 온 다음에 하얀 족제비의 집에서 먹은 거겠지." "과연 그럴까? 보통 가정집에서도 손수 만든 케이크를 팔 수는 있을걸?" "아니, 없어!" "있다니까!"

또다시 족제비들의 의견이 맞지 않아요. 족제비들은 너구리에게 "저기, 뭐가 정답이죠?"라고 묻습니다.

너구리 "실은 다 정답일세. '하얀 족제비의 집'은 '족제비가 희다'라고 볼 수도 있고 '집이 희다'라고 볼 수도 있어. 즉 '하얀'이 영향 범위에 '족제비'만 포함하는지, '(족제비의) 집'까지 포함하는지에 따라 다른 의미가 된다네. 그리고 그건 '하얀'이 '족제비'와 짝지어지는지 아니면 '족제비의 집'이라는 '말 덩어리'와 짝지어지는지 같은 구조의 차이에 따라 설명할 수 있어."

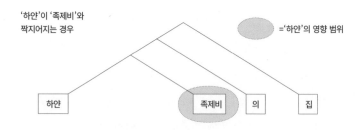

'하얀'이 '족제비'와
짝지어지는 경우

='하얀'의 영향 범위

하얀　　　족제비　의　　집

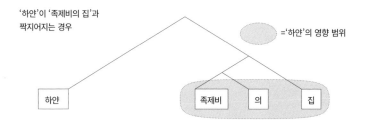

'하얀'이 '족제비의 집'과 짝지어지는 경우

='하얀'의 영향 범위

하얀 족제비 의 집

너구리 "케이크를 어디에서 사 왔느냐 하는 문제도 마찬가지일세. '하얀 족제비의 집에서'라는 단어의 나열, 즉 구절이 영향 범위에 '사 왔다'만을 포함하는지 '사 온 케이크를 먹었다'까지를 포함하는지에 따라 의미가 달라지지. 이것도 구조의 문제라네."

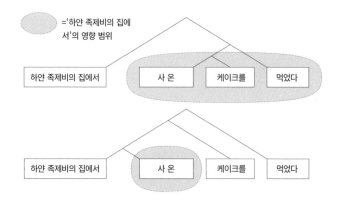

='하얀 족제비의 집에서'의 영향 범위

하얀 족제비의 집에서 사 온 케이크를 먹었다

하얀 족제비의 집에서 사 온 케이크를 먹었다

족제비들 "옳거니, 옳거니."

족제비들은 마치 이해가 가는 척했지만, 사실은 이해가 잘 가지 않았어요. 족제비들은 문제의 본질을 이해하기보다 어서 빨리 '어떻게 하면 좋을지'를 알고 싶었기 때문에 너구리가 어서 그 말을 하도록 맞장구를 열심히 칠 따름이었죠.

족제비들 "그래서 예제 78과 지금 이야기가 어떻게 이어지는 거죠?"

너구리 "아아, 그렇지. 예제 78은 문장을 추론 패턴에 넣을 때는 문장의 구조에 신경 써야 한다는 점을 보여 주는 문제야. 추론의 패턴에는 A나 B나 P나 Q 같은 기호가 있지 않나? 그 안에 넣으려면 문장의 구조 안에서 '덩어리'가 이루어져야 한다네."

족제비들 "무슨 말이에요?"

너구리 "구체적인 예를 보여 주지. 우선 예제 3의 첫 번째 문장은 사실 이런 구조라네."

너구리 "이 문장을 패턴 2인 '모든 A가 B'에 넣을 때는 A, B에 들어갈 부분이 각각 하나의 덩어리가 되어야 해. 다음에서 보는 것처럼 '물고기 마을의 주민'과 '다이빙 면허를 가지고 있다'는 둘 다 덩어리이니 각각 A, B에 넣을 수 있어."

[덩어리]이므로 A에 넣는다 [덩어리]이므로 B에 넣는다

너구리 "반면 예제 78의 첫 번째 문장은 다음과 같은 구조라네. B에 들어가는 부분에 문제가 있다는 걸 보면 알겠나? '다이빙 면허를 가지고 있는 것은 전 세계에 알려져 있다'는 이 구조 안에서 덩어리를 이루고 있지 않지. 그래서 '모든 A가 B' 패턴의 B에 넣을 수 없는 거라네."

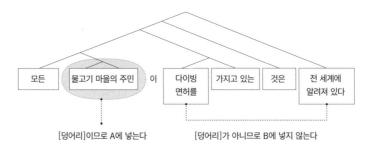

[덩어리]이므로 A에 넣는다 [덩어리]가 아니므로 B에 넣지 않는다

너구리 "내가 만든 기계에는 아직 문장의 구조를 분석하는 부품을 넣지 못했다네. 그래서 기계가 예제 78을 패턴 2에 넣어 버린 거지."

족제비들 "흐~음. 그럼 이제 어떻게 하면 되는데요?"

너구리 "개미들의 기계에 문장 구조를 분석하는 부품이 사용됐을 테니까 그걸 써 보면 어떨까 하는데 말이야."

그 말을 들은 족제비들은 곧장 또 개미 마을로 향하려 했지만, 이번에는 너구리가 족제비들을 불러 세우고 말했어요.

너구리 "잠깐 기다리게! 아직 할 얘기가 남았어. 자네들 이 얘기를 안 듣고 가면 금방 또 여기로 오게 될 걸세."

족제비들 "어, 아직도 뭐가 더 남았어요?"

너구리 "일단 지식의 문제를 생각해야 해. 추론하는 데는 어휘 지식이나 상식 따위가 반드시 뒤따라야 하거든. 자네들에게 주었던 1,000개의 예제 중 앞부분 200문제는 내가 만들었다네. 나는 되도록 기계가 지식을 갖추지 않아도 풀 수 있는 문제를 만들었지만, 나머지 800문제는 물고기 마을과 개미 마을을 비롯한 다른 마을에서 만들었단 말일세. 기계가 어휘 지식이나 상식을 갖추지 않으면 추론 패턴에 넣을 수 없는 문제도 있다는 말이야. 예를 들면 이런 게 있지.

예제 501

A. 개미 철수는 개미다.

B. 개미 철수는 곤충이다.

정답 ○

> **예제 912**
>
> A. 파초빨 수염 선생은 입을 다물고 있다.
>
> B. 파초빨 수염 선생은 수다를 떨고 있다.
>
> **정답** ✕

이런 문제를 추론 패턴에 넣어서 풀려면 각각의 A 문장에 다음과 같은 지식을 추가해 줄 필요가 있다네.

> **예제 501**
>
> A. 개미 철수는 개미다. 모든 개미는 곤충이다.
>
> B. 개미 철수는 곤충이다.
>
> **정답** ○

> **예제 912**
>
> A. 파초빨 수염 선생은 입을 다물고 있다. 입을 다물고 있는 자는 모두 수다를 떨고 있지 않다.
>
> B. 파초빨 수염 선생은 수다를 떨고 있다.
>
> **정답** ✕

그러니까 자네들은 이런 지식을 수집해야 한다는 말이야."

족제비들은 그 작업을 상상하는 것만으로도 온몸이 파들파들 떨리기 시작했어요. 하지만 너구리는 개의치 않고 이야기를 계속합니다.

너구리 "그리고 추론 패턴 말인데, 지금 내 기계에 넣어 둔 패턴만으로 모든 문제를 다 풀 수는 없을 걸세."

족제비들 "그런가요? 하지만 아까 '패턴의 수는 적어도 조합하면 풀 수 있는 문제가 많아진다'고 했잖아요?"

너구리 "그건 그렇지만 지금 내 기계가 갖추고 있는 건 숫자 증명에 사용하는 추론 패턴뿐이거든. 패턴을 조합한다고 그 자체가 변하지는 않아. 그렇지만 우리가 평소에 하는 추론에는 더 여러 가지 패턴이 있어. 예를 들면 다음 문제 같은 것들이 있지.

예제 99

A. 레온은 지금 영화를 보고 있다.

B. 레온은 지금부터 영화를 볼 것이다.

정답 ×

예제 163

A. 올빼미 돌이는 범인이 아닐지도 모른다.

B. 올빼미 돌이가 범인인 일은 있을 수 없다.

정답 ?

226

우리는 평소에 이런 추론도 하지 않나. 이것들은 '시간'에 관한 추론이나 '가능성'에 관한 추론과 상관이 있는데, 기계도 이런 추론을 할 수 있게 만들어야 한다는 말이네."

족제비들 "그거, 어떻게 하면 되죠?"

너구리 "당연히 자네들이 기계에 새로운 추론 패턴을 넣어 줘야겠지. 일상적인 추론에 대해서는 많은 연구가 있으니 잘 조사해 본 다음에 기계에 어떤 패턴을 넣을지를 정하는 편이 좋지 않겠나?"

그 말을 마친 너구리는 또 두꺼운 책 몇 권을 꺼내 와서 족제비들 앞에 내려놓았어요.

족제비들 "또 공부하라는 거예요?"

싱글싱글 웃는 너구리를 보며 족제비들의 정신은 아득해집니다. 이미 너구리에게서 "문장의 형태를 추론 패턴에 넣는 형태로 바꿔라.", "문장 구조에 신경 써라.", "어휘 지식이나 상식을 수집해라."와 같은 말을 들었는데, 거기에 더해서 아직 이해도 잘 안 되는 일을 또 해야 한다니요. 족제비들은 모든 걸 내던지고 싶은 심정이었죠.

족제비들 "이 방법은 우리에겐 무리예요!"

너구리의 표정이 씁쓸해지네요.

너구리 "흠. 나는 자네들이 말을 이해한다는 게 어떤 일인지 관심을 갖고 있다고 생각해서 이 방법을 설명했던 걸세. 이 방법은 말뜻을 이해하는 일에 대해서 오랜 세월 동안 이루어진 연구에 따른 방법이란 말이야. 그러니 설령 지금 단계의 기계가 100% 실현해 내지 못한다고 해도 그 과정에서 반드시 배울 것이 있고, 자네들이 알고 싶어 했던 진실에도 한 걸음 가까워질 거라고 생각했어. 아닌가?"

족제비들은 내심 "그렇게까지 알고 싶진 않았다고!"라고 생각했어요. 하지만 현명한 너구리가 자신들을 바라보는 순수한 눈빛을 마주하니 영 진심을 말하기가 껄끄럽군요. 그래서 대신에 이렇게 말해 보기로 했답니다.

족제비들 "으음…… 있죠, 이번에는 시간이 한 달밖에 없잖아요? 너구리 의장님이 알려 주신 방법에는 물론 관심이 있지만, 시간이 너무 걸릴 것 같아요. 기한까지 마무리하지 못하면 다른 마을에도 폐가 될 테고요."
너구리 "뭐, 그건 그럴 수도 있겠군."
족제비들 "그러니까 뭐랄까요? 조금 더, 더 빨리 결과가 나오는 방법이 있다면 그걸 가르쳐 주세요."

너구리 "빠른 방법…… 말이지."

너구리는 곰곰이 생각에 잠겼다가 잠시 후 입을 열었어요.

너구리 "빠른지 아닌지는 모르겠지만 다른 방법이 있긴 하네."

족제비들 "앗싸! 가르쳐 주세요!"

너구리 "하지만 본질적인 해결법이라고는 할 수 없는데 괜찮겠나?"

족제비들 "괜찮으니까 자꾸 빼지 말고 어서 가르쳐 주세요!"

너구리 "음, 그러니까 다른 방법은 말이네, 한 쌍의 문장에서 A 문장과 B 문장이 '얼마나 비슷한지'를 바탕으로 답을 정하는 방법이야. 자네들도 알겠지만 A 문장과 B 문장이 비슷하다고 해서 꼭 한쪽에서 다른 한쪽이 추론되는 건 아니거든. 하지만 두 문장이 비슷하다는 말은 두 문장 사이에 추론 관계가 있다는 걸 알려 주는 큰 실마리이기도 하지. 이 방법은 그 점에 착안한 방법이라네."

족제비들 "우리가 맨 처음에 해 봤던 방법이랑 비슷한 거 같은데요?"

너구리 "맞아. 자네들이 맨 처음에 시도했던 방법과 조금 비슷해. 하지만 자네들이 사용한 방법은 A 문장이 B 문장의 단어를 전부 포함하느냐 아니냐를 보는 거였지. 그 방법은 너무 단순해서 A 문장에 없는 단어가 B 문장에 하나만 있어도 '?' 답을 선택한다네.

방향성이 같은 방법 중에 A 문장과 B 문장이 얼마나 단어가 중복되는지를 보고 판단하는 방법도 있다네. 예를 들어 '70% 이상의 단어가 중복된다면 답은 ○로 한다'와 같은 방법이야. 그 방법을 쓰면 조금 더 유연하게 정답에 근접할 수 있겠지.

그리고 다음과 같은 케이스를 풀기 위해서는 A 문장의 단어와 B 문장의 단어를 그대로 비교할 게 아니라 '의미적인 근접성'을 볼 필요가 있다네. 즉 A 문장과 B 문장에서 사용된 단어의 종류나 위치가 달라도 의미가 비슷하면 A 문장에서 B 문장을 추론할 수 있는 가능성이 커지겠지."

예제 593

A. 올빼미 돌이와 올빼미 순이는 함께 외출했다.

B. 올빼미 돌이와 올빼미 순이는 같이 나갔다.

정답 ○

예제 802

A. 수원은 경기도의 도청이 있는 곳이다.

B. 수원시는 경기도의 도청 소재지다.

정답 ○

족제비들 "흠흠. 이 방법이 아까 말했던 방법보다 간단한가요?"

너구리 "간단할지 아닐지는 나도 모른다네. 이 경우에도 역시 어휘 지식과 상식이 필요하거든. 문장이 서로 닮았는지 아닌지를 가리려면 '동의어'나 '유의어' 정보가 필요하니까 말이야."

족제비들 "으음, 이 방법에도 '문장의 구조~' 뭐시기랑 '추론의 패턴'인가 하는 그런 게 다 필요한가요?"

너구리 "그렇진 않아. 물론 자네들이 사용하고 싶다면 사용해도 상관은 없지만."

족제비들은 새로운 방법에 흥미를 보입니다. 아까 들었던 방법보다 훨씬 간단하게 들렸기 때문이지요.

족제비들 "우리, 이 방법으로 해 볼게요!"

너구리 "이번에는 시간이 별로 없으니 그렇게 하게. 하지만 말을 이해하는 게 어떤 일인지 알고 싶다면 내 방법도 꾸준히 시도해 보는 게 좋을 걸세. 비슷한지 아닌지를 보는 방법만으로는 내가 낸 200문제도 다 못 풀 수도 있는 데다가…… 저런?"

너구리가 말을 마칠 무렵에 족제비들은 이미 눈앞에서 사라진 뒤였어요. 너구리는 한숨을 뱉으며 중얼거렸어요.

너구리 "저 족제비들 저래 가지고 괜찮을라나?"

기계야, 너도 생각해 봐:
추론 패턴에 문장 적용하기

앞 장 해설에서 '논리적인 추론에는 패턴이 있다'는 내용을 소개했습니다. 그러한 패턴들은 기계로 계산할 수 있다고도 설명했지요. 이쯤에서 기계에게 추론을 시키는 일이 간단하지 않을 거라고 생각하신 분도 적지 않을 겁니다. 일단 문장이 추론 패턴에 적용만 된다면 그다음 계산 과정은 컴퓨터에서 숫자를 계산할 때와 똑같이 이루어질 수 있습니다. 하지만 그 전에 이루어져야 하는 '우리가 한 말을 추론 패턴에 적용하는' 단계가 문제인데요.

이 단계를 어렵게 만드는 요인 중 하나로, 문장의 형태와 추론 패턴이 일대일로 대응하지 않는다는 점이 있습니다. 위 에피소드에서 지적한 것처럼 하나의 추론 패턴만 해도 적용할 수 있는 문장의 형태가 다양합니다. 또 같은 문장 형태를 취하더라도 반드시 늘 같은 추론 패턴에 들어갈 수 있다고 잘라 말할 수도 없습니다.

위 에피소드에서는 패턴 5인 'P 그리고 Q'를 예로 설명했지만, 다른 패턴들도 마찬가지입니다. 이 문제에 대처하려면 각 패턴에 관계하는 말뜻에 대한 깊은 이해가 필요합니다(다시 말해 그 말들에 대한 과거의 연구, 즉 너구리가 들고나온 것처럼 방대한 문헌을 머릿속에 넣어 둘 필요가 있는 것이지요).

한편 이 내용에 더해 '문장 구조'에 신경을 써야 한다는 점도 이야기했습니다. 문장 구조를 알아야만 문장 속 어느 부분이 '덩어리'이고 어떤 단어가 어떤 단어의 '영향 범위' 안에 있는지를 알 수 있기 때문입니다. 우리 인간도 무의식중에 그런 정보를 파악해서 말을 이해할 때 실마리로 삼습니다. 문장을 입력해서 그 구조를 내놓는 과제를 '구문 해석'이라고 부릅니다. 기계에게 구문 해석을 시키는 연구는 오래전부터 이어져 오고 있는데, 아쉽게도 아직 정확도가 100%라고 말할 수는 없습니다. 특히 문장이 길면 길수록 그에 대응하는 '문장 구조 후보'가 많이 나오기 때문에 가장 적절한 것을 고르기가 어렵습니다. 그리고 이 단계에서 에러가 발생하면 문장을 추론 패턴에 올바로 넣기가 어렵지요.

또 문장을 추론 패턴에 넣을 때 상식이나 어휘 지식 등 숨겨진 전제를 보충해야 하는 경우도 있습니다. 5장 해설에서 설명한 것처럼 인간끼리 의사소통할 때도 종종 이런 보충이 필요한 일이 생깁니다. 단, 인간끼리 의사소통할 때는 상대방과 어느 정도 지식이 공유될 것을 기대할 수 있지만, 기계에게는 대부분 완전한 기초 지식부터 제공해야 한다는 점을 알아 두어야 합니다. 기계에게 제공해야 하는 지식 가운데에는 위에서 예로 든 "개미는 곤충이다."와 같은 지식 외에도 다음과 같은 것들이 포함됩니다.

검은 것은 모두 희지 않다.

앉아 있는 사람은 모두 서 있지 않고, 드러누워 있지도 않다.

테이블 다리가 부서져 있다면, 그 테이블은 부서져 있다.

테이블 다리가 하얀색이라도 그 테이블이 꼭 하얀색인 것은 아니다.

누군가가 누군가를 존경한다면, 전자는 후자를 알고 있다.

집에 까먹고 두고 온 것은 전부 집에 있다.

......

위의 문장들을 읽고 오히려 더 혼란스러워진 분도 계실지 모르겠습니다. 이 문장들은 우리에게는 너무 당연해서 거의 정보를 가지고 있지 않기 때문에 일부러 적어 보면 이상한 느낌이 들지요. 하지만 기계에게 추론을 시키기 위해서는 이러한 지식도 '일부러' 넣어 주어야만 합니다. 이 문제는 거의 모든 언어 이해에 따라붙기 때문에 다음 장 이후로도 계속 다루겠습니다.

우리는 위에서 추론 패턴을 추가로 수정해야 하는 경우도 살펴보았습니다. 이제까지 소개한 추론 패턴들은 수학적 증명을 위한 기초 조건들이지만, 그럼에도 우리가 일상적으로 행하는 추론을 전부 다 다루기에는 불충분합니다. 우리의 추론을 폭넓게

다룰 수 있는 추론 패턴에 관해서는 이미 수많은 연구가 있으니, 그 연구들을 더욱 눈여겨볼 필요가 있습니다.

이처럼 문장을 추론 패턴에 적용하는 방법은 언어학과 논리학에 걸친 다양한 지식을 필요로 하기에 문턱이 꽤 높습니다. 또 현재는 (1) 문장 구조를 파악한다, (2) 문장을 추론 패턴에 넣는 형태로 고친다, (3) 감춰진 지식을 보충한다, (4) 추론 패턴을 계산한다 등으로 이어지는 각 과정에서 언제나 100% 옳은 결과만 나오는 것은 아니어서, 그 경우 전체적인 오류가 축적되어 버리는 문제가 있습니다. 그것이 늘 기계 쪽에만 문제가 있다고 한정할 수는 없습니다. 시스템의 바탕이 되는 연구에 오류나 부족함이 있는 경우도 있으니까요. 그러한 오류와 부족함에서 오는 영향을 줄이기 위해서는 현 단계에서 가장 나은 것으로 여겨지는 연구를 선택하거나 직접 연구할 필요가 있습니다.

기계에 맞는 방법:
문장끼리 얼마나 닮았는지부터

현재 활발히 이용되고 있는 방법은 '전제' 문장과 '결론' 문장이 서로 얼마나 닮았는지에 주목하는 방법입니다. 이번 장 에피소드에서 족제비들이 선택한 방법이자 문장을 추론 패턴에 적용하는 방법보다도 더 주류인 방법이지요. 너구리가 말한 것처럼 "두 문장이 닮았느냐 닮지 않았느냐."는 "두 문장 사이에 추론 관계가 성립하느냐 아니냐." 하는 문제의 본질이 아닙니다. '서로 닮은 둘'과 '추론 관계가 있는 둘'은 전혀 다른 관계이며, 전자는 후자를 설명하는 문장이 아니기 때문입니다.

하지만 책의 도입부에서 이야기했던 것처럼, 인간이 가진 능력의 메커니즘을 기계가 꼭 오롯이 참고해야 하는 것은 아닙니다. 이 전제는 인간의 능력을 공학적으로 응용할 때 중요한데, 다시 말하면 인간이 가진 어떤 능력의 모든 원리가 밝혀져야만 비로소 기계에 응용할 수 있다는 게 아니라는 말입니다. 가령 '실제로 무엇이 어떻게 되어 있는지'를 알지 못해도 비슷하게 흉내 낼 수 있다면 이를 응용할 수 있습니다. 역사상에는 이런 예가 아주 많습니다. 기계가 추론 관계를 인식하게 만드는 일 또한 마찬가지입니다. 만약 문장끼리 얼마나 닮았는지를 실마리 삼아 인간의 추론 능력을 잘 모방해 낸다면 앞으로 더욱 다양한 응용을 기대해 볼 수 있을 겁니다.

그럼 '문장과 문장이 닮았다'는 건 구체적으로 어떤 것일까요? 족제비들은 과제 초반에 해결해야 하는 예제들이 어떤 문제인지 이해하지 않고, 단순히 표면적인 문장 비교만 실행했는데요. 표면적으로 비교하는 방식은 문장끼리 얼마나 닮았는지를 따지는 데 바탕을 둔 방법 중에서 가장 단순한 방식이며, 함의 관계를 인식하는 방법으로 많이 쓰이고 있습니다. 실제로 기계에게는 문자나 문장 들이 표면적으로 비슷한 것이 '뜻이 얼마나 가까운지'

를 추측할 수 있는 강력한 실마리가 되어 주기 때문이지요.

그런데 단어가 표면적으로 비슷한지를 보는 것만으로는 정답을 맞힐 수 없는 문제도 있어서, 그런 문제들에 대응하기 위해서는 좀 더 추상적인 정보가 필요합니다. 여기에 곧잘 사용되는 것이 동의어나 유의어 등 단어의 뜻이 얼마나 비슷한지를 판별할 수 있게 해 주는 정보입니다. 그러나 이 책에서 내내 강조해 왔듯이 '대체 뜻이란 무엇인가' 하는 문제에 대해서는 아직 답이 나와 있지 않습니다. 이런 상황, 즉 단어의 뜻이란 것이 무엇인지를 알지 못하는 채로는 단어끼리 같은 뜻을 가지는지, 비슷한지 등을 어떻게 판단해야 할까요? 다음 장에서 함께 생각해 봅시다.

7장
기계용 사전을 찾아 담비 마을로!
단어의 뜻을 아는 능력

족제비들은 너구리와 대화를 마치고 앞으로의 방침을 정한 다음 마을로 돌아왔어요.

"일단은 안심이다. 어쨌거나 문제에서 A 문장과 B 문장이 비슷한지 아닌지만 알면 되겠네."

"그럼 구체적으로 뭐부터 시작하는 게 좋을까?"

"음, 같은 뜻을 가진 단어랑 비슷한 뜻을 가진 단어의 정보가 필요하다고 했었던가? 정말 어떻게 해야 하지?"

"으음~."

족제비들이 머리를 맞대고 골똘히 생각에 빠진 사이, 선생님 족제비가 이런 말을 했어요.

"알겠다! 쉬운 방법이 있었어. 왜 이제껏 그 생각을 못 했나 몰라!"

"뭐야, 뭔데?"

"기계에게 사전을 전부 외우게 하면 되잖아! 그러면 뜻이 같은 단어나 비슷한 단어들을 알 수 있게 되지 않겠어?"

"아, 그렇구나. 게다가 단어 뜻까지 다 알 수 있겠다. 에이~ 말을 이해하는 기계 만들기 생각보다 훨씬 쉽네!"

족제비들은 선생님 족제비가 낸 아이디어에 만족했어요. 그리고 왜 다른 마을 동물들은 이렇게 간단한 생각도 못 했느냐며 의기양양해져서는 곧바로 족제비 신문사가 발행한 사전을 가져와 다 함께 기계에 입력하기 시작했답니다. 사전의 내용을 기계에 전부 입력하는 데는 며칠이 걸렸어요.

"후우, 드디어 다 했다."

"단어 뜻을 이해하는지 어서 시험해 보자."

족제비들은 기계에 '두더지 귀'를 달고는 기계를 향해 "'기본적 인권'의 뜻은?", "'순진하다'와 비슷한 뜻을 가진 단어는?" 같은 질문을 던졌지요. 하지만 기계는 아무 말도 하지 않았어요.

"어? 이상하다. 답은 전부 사전에 적혀 있는데……."

"흐으음~. 왜 이러지?"

그때 막 옆 마을에 다녀온 족제비가 말했어요.

"다들 내 말 좀 들어 봐. 아까 담비 마을에 돈을 빌리러 갔는데 녀석들이 무슨 작업을 하고 있는 거야. 그래서 물어봤더니 웬걸, 녀석들이 '기계용 사전'을 만들고 있었지 뭐야!"

"기계용 사전?"

"기계가 이해할 수 있게 쓴 사전이래. 우리에게 도움이 될 것 같지 않아? 같이 보러 가 보자!"

족제비들은 서둘러 담비 마을로 떠납니다. 담비는 족제비와 닮은 동물이지만 족제비에 비해 몸이 한결 작아요. 그래서 족제비들은 담비들을 대할 때마다 늘 자신들이 우위에 있는 것처럼 행동했답니다. 담비들은 귀염성 있는 얼굴 덕분에 족제비를 제외한 다른 동물들에게 인기가 많고, 또 장사 수완이 좋아서 돈도 많이 모았어요. 족제비들은 그 점을 노리고 종종 담비들에게 돈을 내놓으라고 강요하곤 했지요.

이번에도 족제비들은 담비 마을에 도착하자마자 주위에 있는 담비들을 향해 건방진 태도로 거들먹거렸어요.

족제비들 "야, 이 담비 녀석들아! 어서 가서 기계용 사전을 가져와 봐!"

담비들은 깜짝 놀라 커다래진 눈으로 족제비들을 바라보았어요. 누가 봐도 알 수 있을 만큼 겁에 질린 모습이었지요.

담비들 "아, 안녕하세요, 족제비 여러분. 안녕하셨나요? 그런데 으음, 갑자기 기계용 사전은 왜 찾으시는 건가요?"
족제비들 "그런 건 알 것 없고, 어서 가져오기나 해."

담비들은 그리 내키지 않았지만 가까운 오두막으로 가서 기계를 가지고 나왔어요.

담비들 "이 안에 저희가 만든 기계용 사전 '담비 넷'이 들어 있답니다."
족제비들 "기계용 사전과 보통 사전은 어떻게 다르냐?"
담비들 "보통 사전과 달리 기계가 이해할 수 있도록 만들어진 사전이에요."
족제비들 "그러니까 그게 무슨 말이냐고! 우리는 기계에 보통 사전을 입력했는데 일이 제대로 되질 않았어."

담비들은 그 말을 듣고는 순간 푸흡 하고 웃음을 터뜨렸어요.
족제비들은 그 모습을 보고 화를 냈죠.

족제비들 "이 녀석들! 지금 우릴 비웃었겠다?!"

담비들 "아뇨, 그럴 리가요! 아닙니다!"

족제비들 "아니, 완전히 바보 취급했는데?! 그 기계용 사전을 당장 우리에게 넘겨. 안 그러면 험한 꼴 당할 줄 알아!"

담비들은 완전히 겁에 질려 몸을 덜덜 떨었어요. 그리고 족제비들에게 굽실굽실 고개를 숙이며 사전을 넘기기로 약속했답니다. 족제비들은 다시 한번 담비들에게 이 사전이 어떻게 다른지를 물었어요. 그러자 담비들은 이렇게 대답했죠.

담비들 "우선 이 사전에서는 표제어(사전의 풀이 항목용으로 선택된 단어 - 옮긴이)와 그 말뜻을 다음과 같이 쓴답니다. 예를 들어 '과일'과 '프루트(fruit)' 항목은 각각 이렇게 적었죠."

＜항목＞
＜표제어＞과일＜/표제어＞
＜말뜻＞초목의 과실 중 식용으로 삼는 것.＜/말뜻＞
＜/항목＞

```
<항목>
<표제어>프루트</표제어>
<말뜻>과일. 과실.</말뜻>
</항목>
```

족제비들 "<항목> 하며 <표제어> 하며, '<>'로 둘러싸인 것들이 있는데?"

담비들 "네, 이건 부르는 방법이 여러 가지 있는데 저희는 '태그'라고 불러요. 기계가 이해하도록 쓰기 위해서는 이 태그란 게 중요하거든요. 태그를 쓰지 않고 그냥 사전 내용만 전자화해서 줘 봤자 기계는 아무것도 이해하질 못한답니다. 당최 어디가 사전 항목 중 하나이고, 어디가 표제어이고, 어디가 말뜻인지조차 알지 못하니까요."

족제비들 "그래? 기계는 그렇게까지 멍청한가? 그 정도는 누구나 다 아는 건데."

담비들 "그건 우리에겐 상식이나 경험이 있고, 또 무엇보다 우리가 말을 알기 때문이죠. 하지만 아직 말을 모르는 기계에게 우리와 똑같이 이해하라고 요구할 수는 없어요. 예를 들어 아랍어를 모르는 사람한테 아랍어로만 된 사전을 주고 아랍어 단어를 전부 이해하라고 말하는 거나 마찬가지예요."

족제비들은 담비들의 말을 듣고 바로 납득했어요.

족제비들 "그래서 그 태그~인가 뭐시기인가를 쓰면 기계가 어디가 항목이고 어디가 표제어인지를 이해한다는 말이야?"

담비들 "네. 태그에는 <항목> 같은 '시작 태그'와 </항목> 같은 '종료 태그'가 있거든요. 시작 태그와 종료 태그 사이에 문자열을 넣으면 기계가 구별해야 하는 범위를 가르쳐 줄 수 있어요. 예를 들어 '<항목>부터 </항목>까지가 사전의 한 항목이야'라든가 '<표제어>부터 </표제어>까지가 표제어야'라든가, 이렇게 가르칠 수가 있답니다."

족제비들 "근데 그거 이상하지 않아? 아까 너희가 기계는 말을 모른다고 했잖아? 그런데 지금은 앞뒤에 '<>'를 넣으면 이해한다는 소리잖아? 그 말은 '<>'로 둘러싸기만 하면 항목이나 표제어의 뜻을 기계도 이해한다는 말이야?"

담비들 "아, 그 부분은 저희가 헷갈리게 말씀드린 것 같네요. 기계는 '<>' 안에 적힌 내용을 이해하는 게 아니에요. 즉 항목이나 표제어가 뭔지는 몰라요. 저희는 태그를 이용해서 미리 기계에게 '<항목>, <표제어> 같은 것을 맞닥뜨리면 이렇게 조작해라' 하고 명령해 두는 거고요. 그래야 기계가 항목이나 표제어를 '다루는' 걸 할 수 있게 돼요. 설령 그 의미를 이해하지는 못하더라도 다룰 수 있게 되는 거죠."

족제비들은 '이해하는 일'과 '다룰 수 있는 일'의 차이가 무엇인지를 이해하지 못했어요. 담비들은 내심 '족제비들 진짜 무식하네.'라고 생각했지만, 그 생각이 얼굴에 드러나지 않도록 전력을 다하며 설명을 이어 갔답니다.

담비들 "예를 들면 이런 거예요. 기계가 사전 검색을 할 수 있게 만들고 싶다고 해 보죠. 다시 말해 우리는 기계에 어떤 단어를 입력하면 화면에 그 뜻이 표시되게 만들고 싶은 거예요. 그러려면 기계에게 미리 다음과 같이 명령해 두면 돼요. 그러면 기계가 입력된 단어의 말뜻을 찾아올 수 있어요.

> 사전 속에서 입력된 단어와 같은 문자열을 둘러싸고 있는
> <표제어> 태그를 찾아내라.
> <표제어> 태그가 포함된 <항목> 태그 속에서 <말뜻>
> 태그에 둘러싸인 문자열을 찾아 화면에 표시해라.

예를 들어 '과일'을 입력하면 기계는 <표제어> 태그에 둘러싸인 '과일', 즉 '<표제어>과일</표제어>'를 찾아요. 그리고 그 표제어를 둘러싼 <항목>을 찾아서 그 <항목> 안에 포함된 '<말뜻>초목의 과실 중 식용으로 삼는 것</말뜻>'을 화면에 표시하는 거예요.
이런 식으로 설령 단어의 뜻이나 '표제어', '항목', '말뜻'이란 단어의 뜻을 모르더라도 의미에 대한 조작을 가능케 할 수 있어요."

족제비들은 설명을 들으니 어쩐지 알 것 같은 기분이 들었어요. 그리고 담비들이 만든 사전이 지금 자신들이 안고 있는 문제에 도움이 될 수 있을까를 생각했죠.

족제비들 "저기 말이야, 우리가 다른 마을한테 해 줘야 하는 일이 좀 있는데."

담비들 "아, 네. 들었어요. 1,000개의 예제 말씀이시죠?"

족제비들 "뭐야, 알고 있었구나? 맞아. 그래서 같은 뜻을 갖는 단어나 비슷한 뜻을 갖는 단어들의 정보를 많이 모아야 하는데, 혹시 너희 사전에도 그런 정보가 있을까?"

담비들은 주저하지 않고 "있어요."라고 대답했어요.

담비들 "저희가 만든 사전에는 동의어와 유의어 정보가 많이 들어 있어요. 특히 동의어는 이렇게 같은 뜻의 단어끼리 모은 '동의어 세트'를 사전에 넣어 두었죠. 아주 편리하답니다.

```
<동의어 세트>
<단어>과일</단어>
<단어>프루트</단어>
</동의어 세트>
```

그리고 상위어-하위어 관계 같은 것도 넣어 두었고요."

족제비들 "상위어-하위어가 뭐야?"

담비들 "'동물과 개', '과일과 사과', '가구와 책장'처럼 한쪽이 나타내는 집합이 다른 한쪽을 포함하는 관계를 말해요. '과일과 사과'에서 '과일'은 '사과'의 상위어이고, '사과'는 '과일'의 하위어예요. 이런 정보도 아마 족제비 여러분의 과제를 푸는 데 필요하실 거예요."

족제비들은 "음, 그런가?" 하고 대답합니다. 아무래도 담비들이 족제비들보다 더 그 과제에 대해 깊이 이해하고 있는 것 같네요.

담비들 "그 밖에도 '손과 손가락', '건물과 벽' 같은 전체-부분 관계나, '크다와 작다', '깨어나다와 잠들다' 같은 반의어 정보도 들어 있죠. 족제비 여러분의 과제에 도움이 될 거예요."

족제비들은 기뻤어요. 과제를 완수하는 데 도움이 될 만한 물건이 손에 들어온 것 같았기 때문이죠. 하지만 동시에 조금 찜찜한 느낌도 들었어요. 혹시 너구리의 기계를 받았을 때처럼 그리 도움이 안 되는 걸 굳이 떠안게 되는 건 아닐까 하는 꺼림칙한 느낌이었죠. 족제비들은 목소리를 낮추고 소곤소곤 상의했어요.

"우리 있잖아, 담비들의 사전을 받아서 마을로 돌아가지 말고,

예제를 여기로 가져와서 사전이 얼마나 도움이 될지를 먼저 좀 보자. 그리고 잘 안 되면 클레임을 거는 게 어때?"

"그래, 그렇게 하자."

족제비들은 곧장 마을로 연락해서 1,000개의 예제를 담비 마을로 보내게 했어요. 그리고 자신들의 기계에 담비들이 만든 '기계용 사전'을 넣었죠. 드디어 문제를 풀 수 있을지 시도하려던 순간, 담비들이 중단을 요구했어요.

담비들 "잠깐만요. 저희 사전을 어떻게 쓰실 생각이세요?"

족제비들 "어떻게라니……? 그냥 쓸 건데?"

담비들 "그냥 어떻게요?"

족제비들은 대답하지 못했어요. 그냥 별생각 없이 대강 하려고 했기 때문이죠.

담비들 "어, 그러니까 혹시 괜찮으시면 저희 사전을 쓰기 전에는 정답률이 어느 정도였는지 다시 한번 확인해 봐 주시겠어요? 저희 사전을 쓰기 전과 후의 차이를 모르면 효과를 알 수 없으니까요. 족제비 여러분은 지금까지 어떤 방법으로 과제를 해 오셨나요?"

족제비들 "음, A 문장과 B 문장을 단어로 자른 다음에 B 문장의 단어가 전부 A 문장에 들어 있으면 'ㅇ', 그 외에는 '?'로 답하게 하는 그런 방법을 썼어. 1,000개 예제 중 정답은 70문제 정도밖에 못 맞혔지."

담비들 "아하. 그럼 우선 그 부분을 살짝 개선해 보면 어떨까요? B 문장의 단어가 전부 A 문장에 들어 있어야 한다는 조건은 너무 엄격한 것 같으니 B 문장의 단어 중 70%가량이 A 문장에 들어 있으면 답을 'ㅇ'로 하는 건 어떨까요?"

족제비들은 괜찮은 아이디어라고 생각했어요. 그리고 너구리에게서도 그런 말을 들었던 것 같은 기분이 들었죠. 그 아이디어를 실제로 적용해 보니 123문제나 정답을 맞혔답니다.

족제비들 "오오, 늘었다!"

담비들 "이제 저희 사전을 넣어 볼게요. 저희 사전에 들어 있는 동의어 정보를 사용해서 A 문장과 B 문장에서 중복되는 단어를 찾을 때 눈에 보이는 글자뿐만 아니라 동의어도 찾아보게 해 보죠."

무리 지어 모인 담비들이 능숙하게 기계를 조작하자 기계가 정답을 맞혔어요.

족제비들 "와! 220문제나 맞혔어! 대단하다!"

새롭게 정답을 맞힌 문제 중에는 다음과 같은 것들이 있었어요.

예제 593

A. 올빼미 돌이와 올빼미 순이는 함께 외출했다.

B. 올빼미 돌이와 올빼미 순이는 같이 나갔다.

정답 ○

하지만 담비들은 아직 불만족스러운지 서로 의견을 나눕니다.

담비들 "으~음. 역시 상위어-하위어 정보도 넣을까?" "그래. 그리고 전체-부분 관계도 넣자."

담비들은 또다시 기계를 이리저리 조작해서 움직였어요. 그러자 이번에는 총 304문제나 정답이 나왔답니다.

족제비들 "또 늘었다!"

이번에는 다음과 같은 문제를 풀 수 있게 되었어요.

예제 633

A. 물고기 진영이는 내년에 뉴욕에 갈 것이다.

B. 물고기 진영이는 내년에 미국에 갈 것이다.

정답 ○

예제 249

A. 두더지 누리는 사과를 먹었다.

B. 두더지 누리는 과일을 먹었다.

정답 ○

기뻐하는 족제비들을 옆에 두고 담비들은 다시 속닥속닥 의논을 합니다.

담비들 "지금은 '○' 외에는 '?'이지만 실제로는 '×'도 있으니까 이걸 어떻게든 해 봐야겠어." "그럼 한쪽에 부정 표현이 들어 있으면 '×'로 할까?" "좋아. 그런데 문장 구조를 안 보면 오류도 나오겠는데?" "그건 어쩔 수 없지. 아, 맞다. 반대어 정보도 넣어서 '×'인 정답을 늘려 보자."

담비들이 다시 기계를 만지자 이번에는 정답이 489문제로, 전체의 절반 가까이가 되었어요. 이제는 아까와 달리 이런 문제도 풀 수 있게 되었답니다.

예제 775

A. 개미 영희는 개미 철수보다 크다.

B. 개미 영희는 개미 철수보다 작다.

정답 ×

예제 691

A. 파초빨 수염 선생이 자고 있는 동안에 레온이 찾아왔다.

B. 레온은 파초빨 수염 선생이 깨어 있을 때 찾아왔다.

정답 ✕

족제비들 "우와! 절반이나 맞혔어!" "정답률을 더, 더 높이자. 이렇게 가면 100% 정답도 가능하겠어."

웅성거리는 족제비들의 들뜬 분위기에 개의치 않고 담비들은 다시 기계를 만지네요. 좀 더 정답 수를 높일 수 없을지 고민하며 다양한 조정을 해 보는 것이었어요. 예를 들어 동의어의 중복 확률을 65%에서 75% 사이로 조정하기도 하고, A 문장과 B 문장의 의미를 비교할 때 중요한 단어와 덜 중요한 단어를 구별하기도 하면서 다양한 방법을 시험하는군요. 그 결과 549개 문제의 정답을 맞힐 수 있게 되었지만, 아무리 조정을 거듭해도 정답 수는 그보다 많아지지 않았어요.

족제비들 "무슨 일이야? 왜 정답 수가 늘어나지 않게 된 거야?"

담비들 "지금 방식으로는 이게 한계인 것 같아요."

족제비들 "뭐라고? 이봐 담비들, 여기서 정답 수를 더 늘리지 못하면 큰코다칠 줄 알아, 엉?" "맞아. 정답 수가 더 안 늘면 너희 사전은 아무 도움도 안 되는 셈이 된다고."

족제비들은 억지를 부리면서 어떤 문제가 잘 풀리지 않았는지 살펴보았어요. 앞부분의 200문제, 그러니까 너구리가 낸 문제에 드문드문 오답이 있었지만 족제비들은 "어차피 어려운 문제니까 틀렸겠네." 하며 무시했지요. 더 뒤로 가서 다른 문제를 살피다 보니 다음과 같은 문제가 눈에 띄었어요.

예제 510

A. 물고기 진영이는 부적절한 발언으로 언론에 얻어맞았다.

B. 물고기 진영이는 부적절한 발언으로 언론에 심하게 맞았다.

정답 ✕ **담비들의 답** ○

족제비들 "뭐야, 이거? 왜 이런 문제에서 정답을 못 맞히지?"

담비들은 조금 울컥한 표정으로 대답했어요.

담비들 "다의어라서 그래요. 즉 복수의 다른 뜻이 있는 말 때문이죠."

족제비들 "그게 무슨 소리야?"

담비들 "'얻어맞다'에는 '심하게 맞다'처럼 타인이 손을 써서

친 것을 맞았다는 의미와 '비난을 받다'라는 의미가 있어요. 저희는 '얻어맞다'가 가진 이런 의미와, 문장 A, B가 각각 가진 다른 동의어를 사전에 명확히 적었어요.

구체적으로는 '얻어맞다(1)'과 '얻어맞다(2)'를 마련해서 '얻어맞다(1)'은 '심하게 맞다'와 같은 동의어 세트에 넣었고, '얻어맞다(2)'는 '비난받다'와 같은 동의어 세트에 넣었단 말이에요.

예제 510에서 왜 틀렸는지를 설명하자면, 문장 A에서 말하는 '얻어맞다'는 '얻어맞다(2)'예요. 하지만 기계가 '얻어맞다(1)'로 처리해 버려서 '심하게 맞다'와 동의어로 여겨진 거죠."

족제비들 "흐~음. 그건 어떻게 좀 안 돼?"

담비들 "물론 이 문제만 맞히면 되는 거라면 그냥 바로 쓱 고칠 수 있어요. 하지만 그건 본질적인 해결이 아니라서 반드시 다른 문제에서 오류가 생기고 말 거예요. '얻어맞다' 말고도 다의어는 많으니까 거기에 전부 대처하기는 힘들죠."

족제비들 "그럼 그 본질적인 해결이란 걸 하면 되잖아."

담비들 "그게 쉬우면 이렇게 고생도 안 하죠. 저희가 말하는 본질적인 해결이 이루어지려면 다의어가 등장했을 때 언제든지 그게 어떤 의미로 사용되는지를 올바르게 구분해 낼 수 있어야 해요. 하지만 기계에게 그건 아주아주 어려운 문제예요."

족제비들 "흐~음. 그럼 일단 그 문제는 미뤄 두고, 다른 해결 방법은 없겠어? 예를 들면 이런 문제 말이야."

예제 276

A. 족제비 주얼은 < 여자, 족제비 > 등의 작품으로 알려져 있으나, 족제비 마을 영화제에서 조연 족제비상을 수상하는 등 배우로서도 활약하고 있다.

B. 배우로서도 좋은 평가를 받고 있는 영화감독이 있다.

정답 ○　　　**담비들의 답 ?**

담비들 "아아, 기계의 답이 틀린 이유는 여러 가지가 있지만 제일 큰 문제는 '족제비 주얼'이 영화감독이라는 사실이 사전에 실려 있지 않아서예요."

족제비들 "그럼 실으면 되잖아?"

담비들 "족제비 주얼 감독만 신는다면야 쉽죠. 하지만 이런 지식은 너무 많아서 사전에 전부 실으려고 하면 끝이 없어요. 좋지 그랴 제비제비 씨가 TV 탤런트라는 사실이나 물고기 아쿠아큐 씨가 원래는 모델 출신이라는 사실 같은 걸 다 넣다가는……. 게다가 이런 지식들은 매일매일 새롭게 나오니까 그런 걸 다 실을 수는 없어요. 아, 잠깐만. 그래, 맞아요! 비장의 수단이 있네!"

무슨 생각을 했는지 담비들은 바스락거리며 무언가를 하기 시작했어요.

족제비들 "뭐 하는 거야?"

담비들 "전 세계의 곤충들이 편찬하는 백과사전 '우리키피디아'에서 정보를 가져오고 있어요. 이렇게 하면 아까 같은 지식 정보가 많이 들어올 거예요. 게다가 많은 곤충들이 매일 편집에 참여하니 새로운 지식도 점점 늘어날 거고요."

족제비들은 그 아이디어에 감탄했어요. 그리고 두근거리는 마음을 안고 담비들이 '우리키피디아'의 지식을 넣은 기계가 문제를 풀기를 기다렸죠. 정답을 맞힌 결과는 1,000개 문제 중 602문제로 늘었어요.

족제비들 "아, 늘었다! 하지만 기대했던 만큼은 아니네."

담비들도 조금 실망한 눈치예요.

담비들 "으~음……. 우리키피디아도 만능이 아닌 모양이에요. 아무래도 분야에 따라 항목이 많은 분야와 적은 분야가 확연히 나뉘는 것 같아요. 아이돌이나 애니메이션, 영화 같은 분야는 정보가 많은 데 비해서 학문 분야는 그 정도는 아니네요. 그래서 항목이 적은 분야에 관련된 문제가 나오면 별 도움이 안 되는 것 같아요."

족제비들 "어떻게, 다른 방법은 없겠어?"

담비들 "저희 힘으로는 여기까지네요."

족제비들 "말도 안 돼! 네 녀석들, 어떻게든 해결 못 하면 큰일 날 줄 알아!"

담비들 "무슨 말씀이세요? 원래는 족제비 여러분이 할 일이잖 아요! 이만큼이나 도와 드렸으니 나머지는 직접 하세요."

족제비들 "뭐가 어쩌고 어째?! 담비 주제에 시건방지게! 빨리 어떻게든 해 보란 말이야!"

족제비들이 험악한 표정으로 으름장을 놓자 담비들은 공포에 떨었어요. 하지만 그 시선이 금세 족제비들의 등 뒤로 옮겨 가네 요. 등 뒤에서 느껴지는 시선이 의아했던 족제비들이 뒤를 돌아 보자 거대한 그림자가 보입니다.

족제비들 "와아악! 우, 울버린 님!"

울버린은 종류상으로는 족제비와 담비에 가깝지만, 굳이 따지 자면 곰이나 여우를 닮은 털이 긴 동물이랍니다. 족제비보다 훨 씬 더 크고, 훨씬~ 훨씬 더 강해요. 그런 울버린이 화가 났는지 무시무시한 엄니를 드러내며 호통치는군요.

울버린 "이 족제비 녀석들! 또 담비들을 괴롭히고 있군! 약자 를 괴롭히는 녀석들은 이 몸이 용서치 않겠다!"

족제비들 "우와앙, 잘못했쪄요!"

겁에 질린 족제비들은 눈 깜짝할 사이에 담비 마을에서 도망쳐 나왔어요. 담비 마을에서 조금 떨어진 산길에 다다라 뒤를 돌아 보니 울버린은 쫓아오지 않았어요. 족제비들은 그제야 겨우 한 숨을 돌리네요.

"아아, 무서웠다."
"그나저나 큰일이네. 600문제 넘게 정답을 맞힌 건 좋지만, 앞 으로는 어떻게 한담?"

족제비들은 골똘히 생각에 잠겼어요. 혼란을 틈타서 담비들의 사전인 '담비 넷'과 '우리키피디아'를 넣은 기계는 가지고 왔지 만, 이제 어떻게 알아서 해야 할지 막막하기만 했지요.

아무런 생각도 떠오르지 않아 족제비들은 하는 수 없이 족제 비 마을을 향해 터벅터벅 걷기 시작했어요.

그런데 산길 저쪽에 누군가가 쓰러져 있는 모습이 보였어요. 가까이 다가가 보니 처음 보는 동물이 정신을 잃고 누워 있었답 니다. 동물은 슈트에 넥타이를 맨 말끔한 차림이었지만, 며칠을 걷고 헤맸는지 모를 정도로 옷이 지저분했어요.

"이 동물은 뭐지?"

"일단 도와주자."

족제비들은 동물에게 말을 걸었어요. 동물은 힘없이 눈을 떴지만 아무래도 목소리가 나오지 않는 모양이에요. 족제비들이 챙겨 온 물을 마시게 하자, 동물은 눈 깜짝할 사이에 물을 다 마셔버렸어요. 점심으로 먹고 남은 주먹밥 하나를 건네자 동물은 허겁지겁 먹고서는 고마움을 표시해 왔어요.

안경원숭이 "아아, 드디어 목소리가 나온다. 여러분 덕분에 살았습니다. 자기소개가 늦었군요. 저는 안경원숭이입니다. 멀리에서 출장을 왔다가 길을 잃는 바람에…… 며칠 동안 아무것도 먹지도 마시지도 못했지 뭡니까."

족제비들 "안경원숭이라…… 이 부근에선 잘 보기 힘든 동물인데. 무슨 일로 온 거예요?"

안경원숭이 "저희 회사에서는 '기계 학습 방법'을 개발하고 있는데요, 이 부근의 두더지 마을과 올빼미 마을이 저희 거래처입니다. 그래서 전에 구매해 주신 제품의 관리를 겸해서 새로운 제품을 소개하러 왔지요."

족제비들은 단숨에 활기를 되찾았어요. 다른 마을 동물들이 종종 '기계 학습'이란 말을 하는 걸 들은 적이 있었거든요. 그게 뭔지는 잘 모르지만, 어쨌든 족제비들은 바로 그게 지금 자신들에게 꼭 필요한 거란 걸 직감했죠.

족제비들 "저기, 우리와 함께 우리 마을로 가지 않을래요? 며칠이나 못 먹었다면 주먹밥 하나 가지고는 모자라잖아요? 이것저것 더 많이 대접할게요. 지저분해진 옷도 깨끗이 빨아 주고요."

안경원숭이 "정말이요? 기꺼이 가겠습니다."

족제비 마을에 도착한 족제비들은 안경원숭이에게 이것저것 대접할 거리를 내놓았어요. 며칠 동안 굶은 안경원숭이는 족제비들이 대접한 음식을 맛있게 먹어 치웠지요. 족제비들이 안경원숭이의 슈트를 깨끗이 빨고 말려서 건네자 안경원숭이는 족제비들에게 감사한 마음을 아낌없이 전했답니다.

안경원숭이 "목숨을 살려 주신 데다가 이렇게 환대까지 해 주시니 정말 감사합니다. 혹시 할 일이 있다면 감사의 뜻으로 제가 무어라도 해 드리고 싶은데요."

족제비들은 일이 생각대로 진행되는 느낌에 내심 흐뭇한 미소를 지었어요.

족제비들 "그러면~ 묻고 싶은 게 좀 있는데……."

족제비들은 안경원숭이에게 지금까지의 이야기를 털어놓았어요. 다른 동물들이 낸 1,000개의 문제를 풀기 위해서는 단어의 뜻 정보, 특히 동의어나 유의어 정보가 필요하다는 이야기와 담비 마을에서 만든 사전을 써도 정답률이 60%를 넘지 못했다는 이야기까지요. 안경원숭이는 이 모든 이야기를 흥미진진하게 들어주었어요.

안경원숭이 "아~, 아주 재미있는 과제에 몰두해 계시는군요. 담비 마을에서 직접 만든 사전으로도 정답률이 통 오르지 않았던 건 어쩔 수 없는 부분인 것 같습니다. 모든 말을 수작업으로 사전에 넣기란 어려운 일이고, 게다가 새로운 말은 계속해서 나오니까요. '우리키피디아'처럼 모두가 만드는 백과사전을 활용해도 부분적으로는 해결되겠지만, 아무리 그래도 정보 누락은 생길 수밖에 없어요."

족제비들 "그거야! 바로 그런 문제야. 어떻게 안 될까?"

안경원숭이 "간단한 해결법이 있습니다. 직접 사전을 만들 게 아니고 대량의 문헌으로부터 자동으로 의미 정보를 얻으면 되지요. 특히 동의어나 유의어 정보는 자동으로 얻는 방법이 있거든요."

족제비들 "우왕?! 그런 게 가능해?"

안경원숭이는 고개를 끄덕입니다. 그리고 갑자기 자세를 바로 잡고 테이블 위에 올린 양손을 깍지 껴 잡고는 족제비들에게 묻는군요.

안경원숭이 "여러분은 뜻이 비슷한 단어를 어떻게 찾아야 한다고 생각하십니까?"

족제비들 "어? 그야 사전에서 찾는 거 아닌가? 그것 말고 달리 방법이 있나?"

안경원숭이 "네. 저희 회사에서 주목한 것은 바로 '주변 단어'입니다."

족제비들 "주변 단어? 주변에 있는 단어 말이야?"

안경원숭이 "네, 그렇습니다. 옛날에 어느 언어학자가 이런 가설을 주창했죠. '뜻이 비슷한 단어는 비슷한 문맥 속에서 나타난다.' 즉 두 가지 단어의 뜻이 가까운지를 판단할 때, 주변에 보이는 단어군을 비교해서 서로 비슷한 단어가 포함되어 있으면 '뜻이 비슷하다', 그렇지 않다면 '뜻이 비슷하지 않다'고 생각하는 겁니다. 예를 들어 '은'과 '백금'은 가까운 단어죠?"

족제비들 "그렇지, 둘 다 금속이기도 하고."

안경원숭이 "하지만 '은'과 '감기'는 그리 가깝지 않고, '백금'과 '감기'도 가깝지 않죠?"

족제비들은 동의했어요.

안경원숭이 "설명을 위해 구체적으로 '은', '백금', '감기'가 나오는 문장을 찾아볼게요."

안경원숭이는 자신의 네모난 서류 가방 안에서 얇고 반짝반짝 빛나는 컴퓨터를 꺼내서 키보드를 친 다음 족제비들에게 화면을 보여 주었어요. 화면에는 이런 문장이 떠 있었답니다.

- '은'이 나오는 문장의 예
연인의 손가락에 끼워진 은반지가 빛을 뿜었다.
이 광석에는 금과 은이 함유되어 있다.
은 식기는 비싸다.

- '백금'이 나오는 문장의 예
백금 반지를 감정 받았다.
금과 백금 중 어떤 게 더 비싼가요?
백금과 진주가 부드러운 빛을 뿜습니다.

- '감기'가 나오는 문장의 예
비타민 C를 함유한 식품이 감기에 잘 듣는다.
감기에 걸렸는지 목이 아프다.
독감이라고 생각했는데 감기였다.

안경원숭이 "이것들은 각각 '은', '백금', '감기'가 들어가는 문장이에요. 지금 방금 제가 웹상에서 찾은 것들입니다. 자, 보세요. '은'과 '백금'은 각각의 문장에 나오는 단어가 서로 중복되는 것이 보이십니까?"

족제비들 "정말 그러네. '반지'랑 '금'이랑 '빛'이 공통적으로 나온다."

안경원숭이 "반면 '감기'와 함께 나오는 단어 중에는 '은'이나 '백금'과 함께 나오는 단어들과 공통된 것이 거의 없죠?"

족제비들은 문장을 잘 살펴보았어요. 안경원숭이의 말대로 '이/가', '을/를', '에' 같은 것을 빼면 공통된 단어는 '함유하다'뿐이네요. 안경원숭이는 손으로 물레를 돌리는 듯한 손짓을 하며 설명을 이어 갔어요.

안경원숭이 "어떻습니까? 주변에 보이는 단어를 통해 뜻이 가까운지 아닌지를 알 수 있다는 점은 이제 이해하셨는지요? 본 주제로 들어가자면, 저희 회사에서는 이런 경향에 착안해서 단어의 뜻을 '벡터'로 나타내는 방법을 개발했습니다."

족제비들 "벡…터? 아, 그 '화살표' 같은 거 말이지?"

안경원숭이 "네, 그렇습니다. 수학 시간에 배우는 그것 말이죠. 벡터는 정확히 말하면 '방향과 크기를 지닌 양'인데, 종종 화살표로 표시됩니다. 저희 회사는 전 세계에 존재하는 대량의 문헌들로부터 '어떤 단어가 어떤 단어 주변에 나타나는지'에 관한 정보를 취득했습니다. 그리고 그 정보와 기계 학습 방법을 이용해서 수많은 단어를 벡터로 표현하는 데 성공했죠. 그 결과 '단어끼리의 뜻이 얼마나 가까운지'를 '벡터가 얼마나 가까운지'로 표현할 수 있게 되었답니다. 아까 보셨던 '은', '백금', '감기'를 예시로 들자면 이런 느낌이에요."

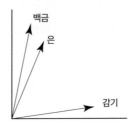

안경원숭이 "이렇게 단어끼리의 뜻이 얼마나 가까운지를 '벡터 간의 가까움'으로 나타내면 기계가 말을 다룰 때 아주 편리하죠. 게다가 완전히 자동이라 매우 편하고요."

족제비들은 자세한 내용을 잘 이해하지 못하면서도 몹시 감탄했어요. 특히 "완전히 자동"이라는 부분이 얼마나 마음에 들었는지 몰라요.

족제비들 "혹시 이게 지금 우리 과제에도 도움이 될까?"
안경원숭이 "그럴 거라고 봅니다. 잠깐 시험해 볼까요?"

안경원숭이는 자신의 반짝거리는 컴퓨터에서 '벡터로 뜻을 표시한 단어' 데이터를 복사해 족제비들의 기계로 옮긴 다음, 족제비들의 기계를 만지기 시작했어요.

안경원숭이 "이 기계에는 담비 마을 사전인 담비 넷과 우리키피디아가 들어 있네요. 문제를 입력하면 어떤 조건에서 답을 '○, ?, ×'로 정할 건지에 대한 설정도 되어 있고요. 그럼 이 설정들과 제가 옮긴 데이터를 조합하면 얼마나 기능이 향상될지한번 시험해 보죠."

안경원숭이가 기계를 조작하자 정답은 689문제로 늘었어요.

족제비들 "오오! 늘었다!"
안경원숭이 "잠시만 더 기다려 주시겠어요? 다시 조정해 보면조금 더 늘지도 모르거든요."

안경원숭이가 기계를 이리저리 만지네요. 안경원숭이가 기계를 조작할 때마다 정답 수가 늘었다 줄었다를 반복했어요. 족제비들은 조마조마한 마음으로 그 모습을 지켜보았지요. 그리고결국 정답은 721문제까지 늘었답니다.

족제비들 "우와! 정답 수가 700문제가 넘었어!"

안경원숭이 "으음~. 그래도 아직 기대만큼은 아니에요. 기계에 탑재된 사전에 없던 동의어나 유의어 정보는 어느 정도 보충된 것 같은데, 아무래도 그것만으로는 풀 수 없는 문제가 있는 모양이에요."

족제비들 "예를 들면?"

안경원숭이 "예를 들면 A 문장과 B 문장에 반대말이 들어 있는 게 키포인트인 문제들이 그래요. 이를테면 이런 문제죠.

예제 490

A. 개미 마을은 1764년 4월 5일에 각설탕의 거래를 제한하는 법을 제정했다.

B. 개미 마을은 1764년 4월 5일에 각설탕의 거래를 제한하는 법을 폐지했다.

정답 ×   **안경원숭이의 답** ○

담비 마을 사전에도 반대말 정보가 실려 있긴 하지만 그리 많지가 않아요. 그 부분을 저희 데이터로 보충하면 되는데, 아까 말씀드린 방법으로는 반대어 정보를 얻는 게 여간 어려운 일이 아니어서요."

족제비들 "반대말은 그냥 뜻이 반대인 말 아니야? 기계가 어떻게 그런 걸 모르지?"

안경원숭이 "뜻이 반대인 단어끼리는 주변에 나오는 단어도 비슷한 것들이 많아요. 예를 들어 '맛있다'와 '맛없다'는 반대어이고, 둘 다 음식 이야기와 같이 나오기 십상이죠. '붙다'와 '떨어지다'는 '시험'이나 '면접' 같은 단어와 함께 나오고요. 예제 490의 '제정'과 '폐지'도 마찬가지예요. 이렇게 반대말끼리는 주변 단어를 실마리로 삼아서 벡터로 만들면 가까운 벡터가 되는 일이 많죠. 기계 설정을 지금처럼 유지한다면 일부 반대말도 동의어나 유의어처럼 취급되고 말 거예요."

족제비들 "흐~음. 어떻게 해결할 방법이 없을까?"

안경원숭이 "찾아보면 분명히 해결책이 있겠지만, 지금 당장 어떻게 하기는 어려울 것 같네요."

안경원숭이가 풀지 못한 문제를 다시 살펴보네요.

안경원숭이 "으~음……. 앞부분 200문제 중에는 못 푼 문제가 많네요. 여기 이런 문제는 지금 방법으로는 딱히 개선되지 않을 겁니다."

안경원숭이는 족제비들에게 다음과 같은 문제를 보여 주었어요.

족제비들　"이 문제가 왜?"

안경원숭이　"'만'과 '~밖에 ~않다'가 비슷한 뜻을 갖는 게 저희 회사의 '의미 벡터'에서는 잘 표현되지 않거든요. 저희의 '의미 벡터'는 상황이나 사물, 상태, 성질과 같이 실질적인 내용을 나타내는 '내용어(content word)'의 뜻이 얼마나 가까운지를 파악할 수 있어요. 하지만 '만'과 '~밖에 ~않다' 같은 '기능어'의 뜻이 얼마나 가까운지는 잘 파악하지 못해요."

족제비들　"왜 그렇지?"

안경원숭이　"그건 제가 지금까지 드렸던 말씀을 생각해 보시면 아실 수 있을 거예요. 제가 아까 단어끼리의 뜻이 얼마나 가까운지는 그 단어들 주변에 어떤 단어가 나오는지를 보면 알 수 있다고 말씀드렸죠? 거기에는 '단어에 따라 주변에 나오기 쉬운 단어에 편향이 있다.'라는 전제가 있어요.

　여기서 말하는 편향은 아까 살펴본 예문처럼 '은'이나 '백금'

주변에 잘 나오는 '반지', '빛', '비싸다' 같은 단어들이 '감기' 주변에는 잘 나올 수 없게 치우쳐 있다는 말이에요. 이런 편향이 있기 때문에 단어끼리의 뜻이 가까운지 먼지를 잘 파악할 수 있지요. 하지만 기능어 주변에는 그런 편향이 거의 없어요. 많은 기능어는 문장을 구성하는 데 있어 부품으로 쓰이기 때문에 거의 모든 단어와 함께 나올 수 있어요. 그러니 주변 단어를 실마리로 삼아 뜻을 벡터로 표시하는 방법은 기능어끼리의 뜻이 얼마나 가깝고 먼지를 가늠하는 데에는 그리 효과가 없어요.

아, 다음 문제 같은 경우도 그래요. '~까지'와 '~말고도 무언가'라는 두 말의 미묘한 차이를 다 파악하지 못해서 옳은 답을 내지 못한 거죠."

예제 87

A. 개미 철수는 각설탕까지 있으면 더는 아무것도 필요 없다고 생각한다.

B. 개미 철수는 각설탕 말고도 무언가가 있다면, 더는 아무것도 필요 없다고 생각한다.

정답 ✕ **안경원숭이의 답** ◯

족제비들 "그럼 '~까지'와 '~말고도 무언가'는 다르다고 어딘가에 적으면 되잖아."

안경원숭이 "그리 간단하지가 않아요. 다음과 같은 예도 있으

니까요. 다음 예에서는 오히려 '~까지'와 '~말고도 무언가'가
가까운 걸 모르면 옳은 답이 안 나옵니다."

예제 66

A. 개미 영희는 데커레이션케이크까지 손수 만든다.

B. 개미 영희는 데커레이션케이크 말고도 무언가를 손수 만
든다.

정답 ○   **안경원숭이의 답 ○**

족제비들 "으~음."

족제비들도 이제는 '이쯤이 최선이지 않을까' 하고 생각했어
요. 벌써 1,000개 문제 중 700개가 넘는 문제의 정답을 맞히게 되
었으니 이거면 충분하다고 생각했던 거죠. 하지만 안경원숭이는
동의하지 않았어요.

안경원숭이 "예제에서만큼은 거의 100%에 가깝게 정답을 맞
혀야 합니다. 여러분은 다음 모임에서 다른 마을 동물들이 만
든 또 다른 1,000개의 문제를 푸셔야 하지 않습니까? 먼저 받
은 예제의 70%밖에 정답을 못 맞히는 상태로 본 적도 없는 새
로운 문제들에 도전하는 건 너무 위험한 일이에요."

족제비들 "헛, 그런가?!"

족제비들은 또다시 불안에 휩싸였어요. 대체 어쩌면 좋을까요. 족제비들은 너무 괴로운 나머지 안경원숭이에게 말했습니다.

족제비들 "저기, 기계 학습 방법을 쓰면 좀 더 나아지지 않을까? 학습이 가능하잖아?"

족제비들의 말을 들은 안경원숭이가 갑자기 명상하듯이 눈을 감았어요. 그 예사롭지 않은 모습에 순간 족제비들도 입을 다물었지요. 잠시 후, 안경원숭이가 천천히 눈을 뜨며 말했어요.

안경원숭이 "방금 한 가지 방법이 떠올랐습니다. 이 방법이라면 거의 모든 문제의 정답을 맞힐 수 있어요. 그리고 틀림없이 새로운 1,000개의 문제에서도 고득점을 얻을 수 있을 겁니다."
족제비들 "정말? 대체 어떤 방법인데?"

안경원숭이는 살짝 몸을 앞으로 내밀며 족제비들의 눈을 똑바로 바라보았어요. 안경원숭이의 두 눈이 번쩍 빛났지요.

안경원숭이 "그건 바로 '문장의 뜻'을 벡터로 만들어서 기계에 넣는 겁니다."
족제비들 "어? 뭐라고?"
안경원숭이 "지금까지는 문장에 포함된 단어의 뜻을 벡터로 만들어서 A 문장과 B 문장의 거리를 판단하는 데 썼지만, 이번에는 A 문장과 B 문장을 각각 통째로 벡터화하는 거예요."

족제비들 "문장을 통째로 벡터화한다고? 그게 가능해?"

안경원숭이 "가능합니다. 방법이 몇 가지 있다 보니 가장 좋은 결과를 내는 방법을 찾을 때까지 시행착오를 겪긴 하겠지만 말이에요.

그리고 두 벡터를 기계에 입력해서 옳은 답을 내도록 학습시키는 겁니다. 이번에는 A 문장과 B 문장이 비슷한지 아닌지를 생각하게 하지 않고, 오로지 두 벡터에서 바로 'O'나 '?'나 '×'를 내게 하는 거죠."

족제비들은 잘 이해되지 않았지만 안경원숭이가 자신감 넘치게 말하는 걸 보니 틀림없이 잘될 거라고 생각했어요.

족제비들 "그럼 그렇게 하자."

안경원숭이 "딱 하나 문제가 있습니다."

안경원숭이는 손가락을 하나 들어 올려 족제비들의 주의를 끈 다음 말을 이었어요.

안경원숭이 "바로 예제의 양이에요. 지금 족제비 여러분께서 가지고 계신 예제의 수는 1,000개인데, 이걸로는 턱없이 부족합니다. 지금 제가 말씀드린 방법을 성공시키기 위해서는 최소한 수십만 개 이상이 필요하거든요."

족제비들 "수십만 개?!"

예제 수십만 개라니! 지금 가진 예제의 수백 배에 달하는 숫자를 듣자 족제비들은 경악을 금치 못합니다. 그렇게 많은 예제를 도대체 어떻게 준비해야 할까요?

족제비들 "그건 무리야! 대체 누구 보고 만들라는 말이야? 우린 못 해!"

안경원숭이 "그렇죠……. 그럼 전 세계에서 작업자를 모집하면 어떨까요?"

족제비들 "뭐어? 무슨 수로?"

안경원숭이 "요즘엔 '크라우드소싱(Crowd-sourcing)'이라고 해서 인터넷을 매개로 여러 동물들에게 사소한 일을 해 달라고 부탁하는 방법이 있어요. 간단한 일일수록 싼 가격으로 부탁할 수 있죠. 그걸 한번 이용해 보면 어떨까요?"

족제비들 "헤에, 몰랐네. 그럼 그 방법으로 모을까?"

안경원숭이 "반드시 주의할 점은 지시를 너무 어렵게 내리면 안 된다는 점이에요. 어려운 작업일수록 할 줄 아는 동물도 적어지고 가격도 비싸지니까요."

그 말을 들은 족제비들은 지금 가지고 있는 예제 몇 개를 보여 주고 "이런 걸 만들어 주세요."라고만 지시하기로 했어요. 족제비들은 안경원숭이에게 배워 가며 '기계 장치 칠면조(크라우드소싱 기반의 전문 인력 풀인 Amazon Mechanical Turk에 빗댄 이름)'라고 하는 크라우드소싱인가 뭔가 하는 서비스로 전 세계 동물들을 향해 <이런 문제를 만들어 줄 작업자 모집> 알림을 보냅니다.

과연 족제비들은 수십만 개의 예제를 손에 넣을 수 있을까요? 그리고 제2회 모임 전까지 시간에 맞춰 똑똑한 기계를 만들어 낼 수 있을까요?

"전부 다 가르치면 되잖아?":
과연 가능할까

앞 장에서 기계에게 '문장과 문장의 논리적인 관계'를 판단하게 하는 방법으로 문장을 추론 패턴에 넣는 방법과 한 문장과 다른 한 문장이 얼마나 닮았는지를 따진 후 이용하는 방법이 있다고 설명했는데요. 두 방법 모두 '단어 간 의미적 관계'에 관한 지식을 빼놓을 수 없습니다.

단어 간 의미적 관계의 예로는 '과일'과 '프루트', '외출하다'와 '나가다'처럼 동일한 뜻을 갖는 단어(동의어)끼리의 관계, 혹은 '동물'과 '개', '과일'과 '사과'처럼 한쪽이 나타내는 집합이 다른 한쪽을 포함하는 상위－하위 관계 등이 있습니다. 그리고 특히 문장과 문장이 얼마나 닮았는지를 따진 후 이용하는 방법에서는 비슷한 의미를 갖는 단어(유의어) 지식도 중요합니다.

그렇다면 기계에게 이러한 정보를 심어 주려면 어떻게 해야 할까요? 아마도 많은 사람이 우선 '사람이 가르쳐 주는 방법'을 떠올릴 겁니다. 지적인 기계 연구나 개발에 관여하는 사람들은 해당 전공이 아닌 사람들로부터 "기계는 얼마든지 학습시킬 수 있잖아? 그럼 전부 다 가르치면 되지 않아? 쉽기만 하네." 같은 말을 종종 듣습니다. 그러나 실제로는 그리 쉽지 않답니다.

우선 컴퓨터 등이 학습할 수 있는 것은 '문자열', 정확하게는 '문자에 상당하는 전기 신호의 나열'뿐이며, 문자가 나타내는 '말뜻'이 아니라는 점에 주의해야 합니다. 예를 들어 기계가 사전이나 백과사전을 읽어 들이더라도 그 말뜻은 알지 못합니다.

앞선 에피소드에서 소개한 바와 같이 기계용 사전에서는 〈 〉를 사용한 태그나 그와 비슷한 표현을 사용해서 말뜻을 적지만, 그것 역시 기계가 뜻을 이해하는 일로 이어지지는 않습니다. 다만 그렇게 함으로써 기계에게 말뜻에 대한 어떠한 '조작'을 시킬 수 있게 되는 것이지요.

기계에게 동의어 따위의 정보를 주는 사전 중에 대표적인 것이 '워드 넷(WordNet)'[27]입니다. 앞선 에피소드에 등장한 '담비 넷'은 이 사전을 모델로 했습니다. 워드 넷은 사람이 직접 구축한 것으로 현재 15만 개가량의 영단어를 수록하고 있습니다. 영어 외의 버전도 만들어져서 일본어 워드 넷도 이용할 수 있습니다.[28]

워드 넷은 다양한 과제에 이용됩니다. 다만 '함의 관계 인식'에 이용하기에는 여러 가지 문제가 있다는 점이 지적되고 있지요. 그중 하나로 단어의 다의성 취급 문제를 들 수 있습니다. 워드 넷에서는 다의어의 말뜻을 세세하게 구별하는데, 말뜻의 분류가 세밀해질수록 문헌 속 단어가 어떤 말뜻으로 사용된 것인지를 판단하기가 어려워집니다. 이 문제에 관해서는 다음 장 이후에서도 계속 다루고자 합니다.

또한 워드 넷뿐만 아니라 사람이 만드는 기계용 사전에는 '다룰 수 있는 단어의 범위에 한계가 있다'는 문제가 있습니다. 이 문제에 대처하기 위해서 위키피디아(Wikipedia)와 같은 대규모 온라인 사전이나 백과사전을 활용하는 방법을 취할 수도 있으나, 온라인 사전은 분야에 따라 항목 수나 카테고리의 밀도 등이 서로 다른 문제가 있기 때문에[29] 모든 분야에 걸쳐 필요한 정보를 골고루 얻을 수 있다는 보장이 없습니다.

철수 옆에는 항상 영희가 있더군. '공기 관계':

단어 뜻을 자동으로 알게 하기

이런 문제를 보완하기 위해서 최근에는 대량의 언어 데이터로부터 자동으로 단어의 뜻 정보를 얻는 연구가 이루어지고 있습니다. 주로 동의어나 유의어를 골라내는 데 이용하고 있지요. 완전히 자동으로 말뜻 정보를 가져온다는 이야기는 마치 마법처럼 들리기도 합니다.

이것을 가능하게 만든 열쇠 중 하나가 위의 에피소드에서 안경원숭이가 소개한 '문맥의 주변에 등장하기 쉬운, 즉 공기 관계[*]'를 지니는 단어의 정보를 바탕으로 단어의 말뜻을 표현하는 일'입니다. 이 아이디어는 "비슷한 문맥에서 나타나는 단어끼리는 비슷한 뜻을 가지는 경향이 있다."(Harris, 1954)[30]라는 생각(분포 가설)에 기반합니다.

최근 연구에서는 이 아이디어에 따라 단어의 뜻을 벡터로 나타내는 일이 활발히 이루어지고 있습니다. 벡터를 배워 보신 분은 좌표평면상에 그어진 '화살표'나 (2, 5) 혹은 (11, 56, 37)과 같은 '숫자 그룹'을 떠올리실 수도 있겠습니다.

벡터는 방향과 크기를 가진 양을 나타내는데, 화살표나 숫자 그룹도 그 표현 방법 중 하나입니다. (2, 5)와 같은 두 가지 수의 그룹은 x축과 y축으로 이루어진 이차원 공간에서 원점으로부터 x축 방향으로 2, y축 방향으로 5의 위치에 있는 점까지 뻗는 화살표를 나타냅니다. (11, 56, 37)과 같은 세 가지 수의 그룹은 x축과 y축에 z축을 더한 삼차원 공간 속에서 원점으로부터 x축 방향으로 11, y축 방향으로 56, z축 방향으로 37의 위치에 있는 점까지 뻗는 화살표를 나타내지요.

우리가 직감적으로 알 수 있는 것은 삼차원 공간 정도까지이지만, 숫자 그룹 속 숫자(벡터 요소인 숫자)를 늘려 가면 사차원, 오

---

[*] 共起關係, co-occurrence relation: 단어나 형태와 같은 문법적 요소가 한 문장, 구 안에서 같이 나타나는 관계. 가령 '줄'은 '알다'나 '모르다'와 공기 관계에 있다. "족제비가 그렇게 똑똑한 줄 몰랐다.", "족제비가 똑똑한 줄 이제 알았네." 등.

차원, 육차원…… 등등 보다 차원이 높은 공간 속 한 점을 가리키는 화살표로도 나타낼 수 있습니다. 단어의 뜻을 벡터로 나타낸다는 말은 개개의 단어 뜻을 이런 '숫자 그룹'과 숫자 그룹에 따라 표현되는 '화살표'로 나타낸다는 것입니다.

그럼 공기 관계에 있는 단어들의 정보를 사용해 단어를 벡터화하는 예를 함께 살펴봅시다. 에피소드에 등장했던 '은'과 '백금'과 '감기'가 등장한 9개 문장을 바탕으로 벡터화해 보겠습니다.

여기에서는 벡터의 각 요소에 '같은 문장에 특정 내용어가 나타나는지 여부'를 나타내게 만드는 방법을 사용해 봅시다. '내용어'란 앞에서도 설명했듯이 사물이나 상태 등과 같이 구체적인 내용을 가지는 단어를 말합니다. 앞서 나온 9개 문장에는 전부 21개의 내용어가 들어 있는데, 각각의 내용어가 '은', '백금', '감기'와 같은 문장에 나타나는지 아닌지 벡터의 각 요소에 할당해 봅시다. 즉 21개 단어 하나하나를 벡터상 하나의 차원으로 생각하고 대상 단어와 함께 나타나면 1, 나타나지 않으면 0을 할당하는 겁니다. 이때 내용어가 아닌 기능어('의', '에', '은/는/이/가', '을/를', '~어 있다' 등)는 고려하지 않습니다. 그러면 '은', '백금', '감기'는 각각 다음과 같이(282쪽 그림 참조) 벡터화할 수 있습니다.

그림을 보면 '은'과 '백금'의 벡터는 같은 1이라는 값을 얻은 요소가 6개 있습니다(왼쪽부터 3, 4, 5, 7번째 요소는 모두 [1], 10번째와 11번째도 [1]). 그에 반해 '은'과 '감기' 사이에는 같은 1 값을 얻은 요소가 1개 있고, '백금'과 '감기' 사이에는 같은 값을 얻은 요소가

은 (1,1,1,1,1,1,1,1,1,1,0,0,0,0,0,0,0,0,0,0,0)
백금 (0,0,1,1,1,0,1,0,0,1,1,1,1,1,0,0,0,0,0,0,0,0,0)
감기 (0,0,0,0,0,0,0,0,1,0,0,0,0,0,0,1,1,1,1,1,1,1,1,1)

연인　손가락　반지　빛　뿜다　광석　금　함유하다　식기　비싸다　감정하다　진주　부드럽다　비타민C　식품　잘 듣다　걸리다　목　아프다　독감　생각하다

하나도 없습니다. 따라서 '은'과 '백금'의 벡터는 '은'과 '감기', '백금'과 '감기'에 비해 닮았다고 말할 수 있습니다.

이런 경향은 더 많은 문장을 대상으로 하고, 더 많은 단어의 '주변에 나타나는 빈도'를 벡터로 나타내면 보다 뚜렷해질 것으로 예상됩니다. 만약 이 예상이 옳다면 여기에서 말하는 '단어끼리의 뜻이 가까운 정도', 즉 '함께 나오는 단어끼리 얼마나 가까운지'를 '벡터가 얼마나 가까운지'로 나타낼 수 있게 됩니다.

이렇게 단어의 뜻을 벡터화하면 단어끼리의 뜻이 가까운 정도를 구체적인 수치로 나타낼 수 있으므로 다양한 과제에 응용하기에 편리합니다. 게다가 대량의 데이터로부터 자동으로 말뜻 정보를 얻을 수 있다는 점은 대단히 매력적이지요.

위에서 소개한 방법은 벡터를 이용한 말뜻 표현의 일례일 뿐입니다. 이 방법은 아주 간소하고 단순하지만 더 많은 단어를 실마리로 삼으려 하면 벡터의 차원 수가 지나치게 높아질 수 있습니다. 예를 들어 국어에 속하는 모든 단어를 실마리로 삼고자 하면 벡터의 차원 수가 수만에서 수천만에 이르게 될 겁니다. 차원이

너무 높은 벡터는 컴퓨터상에서 다루기 어렵기 때문에 낮은 차원의 벡터로 단어 뜻을 나타내는 방안이 모색되고 있습니다. 그런 방법 중 하나로 최근 화제가 된 것이 구글사가 개발한 '워드투벡터(word2vec)'입니다.[31] 워드투벡터 알고리즘으로는 수십에서 수백 수준의 비교적 낮은 차원으로 단어 뜻을 표현할 수 있습니다.

워드투벡터에서는 "벡터의 더하기와 빼기가 말뜻 계산에 대응한다."라는 재미있는 현상도 보고되고 있습니다. 예를 들어 '왕'을 나타내는 벡터에서 '남자'를 나타내는 벡터를 빼고 '여자'를 나타내는 벡터를 더하면 벡터가 '여왕'에 가까워진다는 말이지요.

이 밖에 '파리'에서 '프랑스'를 빼고 '이탈리아'를 더하면 '로마'가 된다는 보고도 있었습니다. 즉 벡터 계산을 통해 나라와 수도의 관계를 파악하는 데까지 접근할 수 있게 된 것입니다.

'왕'-'남자'+'여자'≒'여왕'
'파리'-'프랑스'+'이탈리아'≒'로마'

이처럼 단어와 단어의 다양한 관계를 벡터 계산으로 나타낼 수 있도록 지금도 활발한 연구가 계속되고 있습니다.

단어의 뜻은 주변 단어로 정해진다?:
기계를 위한 문맥 정보

위에서 살펴본 것처럼 주변 단어를 실마리로 삼아 단어 뜻을 벡터화하는 기술은 획기적인 말뜻의 표현 방식이자 큰 기대를 모으고 있는 기술입니다. 벡터화에 필요한 데이터의 양이나 계산 능력은 계속해서 확장될 것으로 예상되므로 앞으로도 꾸준히 발전해 나갈 것입니다. 하지만 그렇다고 해서 "말뜻은 주변 단어를 실마리로 삼는 벡터다."라고 잘라 말할 수 있을까요?

그럴 만하다고 생각하시는 분도 계시겠지요. 실제로 우리 인간도 모르는 단어의 뜻을 추측할 때 종종 주변 문맥을 실마리로 삼습니다. 이를테면 영어 시험을 볼 때 모르는 영단어가 나오면 전체 문맥에서 뜻을 추측하듯이 말입니다. 국어에서 새로운 단어를 배울 때도 이미 알고 있는 다른 단어와 비슷한 문맥에서 쓰인 것을 실마리로 삼아 말뜻을 추측하기도 합니다.

하지만 기계가 사용하는 '문맥'과 우리가 뜻을 추측할 때 사용하는 '문맥'은 동일할까요? 잠깐만 생각해 보면 꼭 그렇지는 않다는 사실을 알 수 있습니다. 기계가 사용하는 문맥은 주변 몇 단어의 표면적 모습이지만, 우리는 그 단어들이 바깥 세계의 무엇과 대응하는가 하는 정보도 사용할 수 있습니다.

그뿐만 아니라 눈앞의 상황이나 과거에 체험한 일의 기억도 사용합니다. 그러나 기계가 사용하는 문맥은 '언어의 세계' 속에서

만 완결되며, 기계는 대상 단어나 대상 단어 주변에 나타나는 단어가 '말의 바깥 세계'에서 무엇에 상당하는지를 고려하지 않습니다. 최근에는 벡터화된 뜻의 표현을 이미지와 연결하는 흥미로운 연구도 이루어지고 있지만[32][33], 4장에서 지적했던 문제들을 극복하기란 아직 쉽지 않을 겁니다.

또 주변 단어에 기초한 말뜻 표현에는 보다 구체적인 문제도 있는데요. 예를 들어 위 에피소드에서도 소개한 반대말 문제입니다. 뜻이 비슷한 단어들뿐만 아니라 뜻이 반대인 단어들끼리도 비슷한 문맥에서 나타나기 쉽다는 지적이 있습니다.[34] 유의어와 반대말을 구별하지 못하면 다양한 문제가 발생하므로 연구자들은 이 점을 극복하기 위한 방법을 모색하고 있습니다.

또 다의어나 문맥에 따라 뜻이 변하는 단어를 취급할 때도 주의가 필요합니다. 예를 들어 아래의 '머리'는 표면상으로 전부 같은 단어이지만 모두 다른 의미로 쓰입니다. 이것들을 전부 동일하게 취급한다면 적절한 벡터화가 불가능합니다.

머리를 다치다. (사람이나 동물의 목 위의 부분)
머리가 좋다. (생각하고 판단하는 능력)
머리를 길게 기르다. (머리에 난 털)
모임의 머리 노릇을 하고 있다. (단체의 우두머리)

주변 단어에 기초한 뜻 표현에서 보다 본질적인 문제가 되는 것이 기능어의 뜻인데요.[35 36 37] 안경원숭이가 설명한 것처럼 기능어 중 많은 수가 문장을 구성하는 부품으로 쓰이기 때문에 원칙적으로 대부분의 내용어와 공기 관계가 될 수 있습니다. 이미 살펴보았던 국어의 '그리고', '-지 않다', '-면', '-만', '전부' 등 혹은 영어의 'and'나 'the' 등을 떠올려 보면 명확히 알 수 있습니다. 따라서 주변 단어만으로 뜻을 제대로 파악하기를 기대할 수는 없습니다.

자연어 처리를 위한 기계 학습법:
구와 문장을 벡터화하다

지금까지 살펴본 바와 같이 주변 단어에 기초한 말뜻의 벡터화는 만능이 아닙니다. 그러므로 우리의 말뜻을 전부, 그리고 충분히 표현하지는 못합니다. 하지만 그래도 무척 편리한 것만은 사실입니다. 사람이 만든 기계용 사전과 조합해 사용하면 다양한 과제에 응용할 수 있지요.

또한 단어의 벡터 표현끼리 짝을 짓는 등의 방법으로 큰 단위인 구나 문장의 벡터 표현을 만드는 연구도 진행되고 있습니다. 앞 장에서 살펴본 대로 구나 문장은 그 구조, 즉 단어와 단어가 어떻게 짝지어졌느냐에 따라 뜻이 바뀝니다. 해당 연구에서는 그러한 구조를 잘 파악할 수 있는 여러 가지 표현 방법도 함께 고

안하고 있습니다.[38]

그리고 문장의 벡터 표현은 문장과 문장의 추론 관계, 즉 함의 관계 인식에도 응용되기 시작했습니다. 영어의 함의 관계 인식에서 높은 정밀도를 보인 최근의 몇 가지 연구는 '전제' 문장과 '결론' 문장의 벡터 표현을 입력해서 심층 학습시킨 다음, 추론 관계를 판단(이 책에서 말하는 '○', '×', '?' 따위)해서 출력하게 하는 방법을 제안하고 있습니다. 즉 '전제'와 '결론'을 고스란히 벡터로 입력하는 것인데요. 이러한 해결법은 '전제'와 '결론'의 벡터 세트를 '○', '×', '?' 이 세 가지 카테고리로 분류해 준다고 볼 수 있습니다.

이처럼 보다 직접적인 학습이 가능해진 배경에는 함의 관계 인식의 학습 데이터, 즉 '전제'와 '결론'에 '○', '×', '?' 중 한 가지 답을 더해서 만든 '정답 붙인 예제'를 대량으로 만들어 낸 연구가 있었습니다.

이 방향성 연구에 불을 댕긴 역할을 한 보우만 등의 연구(Bowman et al., 2015)[39]는 크라우드소싱을 활용해서 그전까지는 수백에서 수천 단위로 제공되고 있던 함의 관계 인식 데이터를 수천만 단위로 확대했습니다. 이 방향의 연구는 앞으로도 더욱 확대될 전망입니다.

그런데 만약 이 방향성 연구가 함의 관계 인식에서 대단히 높은 정밀도를 달성한다면, 더 이상 아무런 문제가 없을까요? 기계는 결국 말을 이해하게 될까요? 다음 장에서 함께 생각해 봅시다.

8장

족제비들, 뭐든 다 하는 로봇
드디어 완성?

화자의 의도를 추측하는 능력

'제2회 족제비 마을 피해자 모임'에서 공개된 족제비 마을의 로봇은 너구리 의장은 물론 다른 마을의 동물들을 깜짝 놀라게 했어요. 왜냐하면 그 로봇은 그들의 기대를 훨씬 웃도는 성능을 보였기 때문이죠.

족제비들은 이날을 위해 정말 열심히 일했답니다. 족제비들이 가장 공들였던 것은 새로운 수십만 가지의 예제를 찾아 수집하는 일이었어요. 족제비들은 크라우드소싱을 통해 전 세계에서 그들을 도와줄 동물들을 찾았고, 결국 총 50만 개에 달하는 예제를 수집해 냈어요.

그리고 안경원숭이는 그 예제들을 기계에 학습시켰지요. 안경원숭이는 기계를 구체적으로 어떻게 학습시킬지 이것저것 고려하며 여러 가지 것들을 조정하고 재설정했답니다. '딥 러닝'이라나 뭐라나 하는 최신 학습법을 사용하겠다면서 마치 주문을 외듯이 며칠이나 "어떤 함수로 가지?", "중간층은 얼마지?"와 같은 말을 끊임없이 중얼거리며 작업했어요. 족제비들은 무슨 말인지 도통 이해할 수 없었지만, 어쨌든 안경원숭이가 고생한 끝에 결국 '최고의 기계'가 만들어졌어요. 족제비들이 처음에 받았던 1,000개의 예제로 기계를 시험하자 놀랍게도 961개 문제의 정답을 맞혔답니다.

드디어 기계는 제2회 족제비 마을 피해자 모임에 참석한 모든 동물의 앞에서, 이날을 위해 준비된 새로운 1,000개의 문제에 도전하게 되었어요. 그리고 마침내 974개 문제의 정답을 맞히는 놀라운 성과를 달성했지요. 다른 마을 동물들은 너무 놀란 나머지 잠시 아무런 말도 하지 못했어요. 그리고 이내 저마다 이렇게 말하기 시작했어요.

"세상에, 놀라운 일이야! 드디어 말뜻을 이해하는 기계가 만들어지다니!"

"이 기계를 로봇에 적용하면 진정한 의미에서 뭐든 다 알고 뭐든 다 할 줄 아는 로봇이 완성되겠어!"

"이제는 아무도 일하지 않아도 되는 시대가 열리겠구나! 우리 마을이 제일 먼저 가져가겠어!"

모든 마을이 저마다 기계를 제일 먼저 갖겠다고 주장하느라 자 칫하면 큰 싸움이 일 뻔했어요. 너구리 의장이 동물들을 말리며 말했습니다.

너구리 "다들 좀 진정하십시오. 족제비들에게 이 기계를 만들 게 했던 건 우리가 지난번 모임에서 다 함께 결정했던 사안 아 닙니까? 그러니 어디 한 마을이 제일 먼저 갖거나 하는 일은 없 도록 합시다. 앞으로 닷새 후에 물고기 마을, 두더지 마을, 카멜 레온 마을, 개미 마을, 올빼미 마을에 동시 납품하기로 하면 어 떻겠습니까?"

너구리 의장의 제안에 모든 동물이 찬성합니다.

너구리 "그리고 족제비들이 만든 기계를 로봇에 적용하는 건 좋은 아이디어라고 봅니다. 원하시는 마을은 꼭 시도해 보시면 좋겠군요. 하지만 그런다고 정말 뭐든 다 알고 뭐든 다 할 줄 아 는 로봇이 만들어질 수 있을지, 저는 의문입니다. 너무 지나친 기대는 하지 않는 편이 좋지 않을까 싶은데……."

너구리 의장은 근심을 표했지만, 동물들은 들으려 하지 않았어 요. 족제비들이 만들어 낸 기계에 마음을 빼앗긴 나머지 걱정하 는 말은 귀에 들어오지 않았던 것이죠. 그리고 조금 이상한 부분이 있더라도 불완전한 부분은 고치면 될 일이라고 여겼답니다.

결국 그날 모임은 그렇게 끝났고, 족제비들은 다른 마을에 납품할 기계를 준비하기 시작했어요. 몇 군데 마을에서는 "로봇 형태로 갖고 싶다."라고 요구해 왔어요. 족제비들은 안경원숭이의 손을 빌려 만든 기계를 '물고기 로봇'의 머리 부분에 올리고 '두더지 귀'와 '올빼미 눈'을 달아 로봇을 완성했답니다.

로봇은 음성을 알아들었고, 주변을 볼 수도 있었고, 걷고 달리고 수영할 줄도 알았고, 무언가를 들고 운반할 줄도 알았어요. 그리고 가능한 범위 내에서는 '말로 내린 명령'에도 따랐지요. "뛰어."라고 말하면 뛰고 "~(을)를 ……로 가지고 가."라고 말하면 운반했어요. 그리고 추론이 가능해서 조금씩 다른 말로 명령해도 올바로 알아듣고 행동했답니다.

이윽고 소문이 퍼졌는지 모임에 참석하지 않았던 담비 마을이나 또 다른 먼 곳의 마을들에서도 주문이 들어왔어요. 그들이 하나같이 "돈을 줄 테니 꼭 '족제비 마을 로봇'을 살 수 있게 해 달라."라고 해서 족제비들은 크게 기뻤죠.

며칠 뒤, 모든 마을에 납품을 마친 족제비들은 더없는 행복감에 젖었답니다. 모든 동물들에게 큰 칭찬을 받은 데다가 계속해서 많은 돈이 들어오니 당연한 일이었어요. 족제비들은 힘든 나날을 극복해 낸 자신들에 대한 보상으로 로봇을 팔아 번 돈으로 단체 여행을 떠나기로 했답니다.

다음 날 아침, '족제비 마을'이라고 적힌 깃발을 든 족제비를 따라 족제비 마을 주민들이 쪼르르 마을을 출발합니다. 다들 등에는 주먹밥과 과자를 잔뜩 넣은 배낭을 메고, 허리춤에는 물통을 찼네요. 목적지는 따끈한 온천이 있는 마을이에요. 7박 8일의 여유로운 일정이랍니다. 족제비들은 들뜬 마음으로 목적지를 향해 출발했어요.

그 시각, 카멜레온 마을에서는 작은 소동이 일고 있었어요. 카멜레온들은 족제비 마을의 기계를 이용해서 대화용 로봇 개량판을 만들었는데, 이름하여 '네오 레온'이랍니다. 네오 레온에 '올빼미 눈'을 달아서 마을을 걸어 다니거나 마을 사람을 보면 말을 걸 수도 있게 되었어요. 그리고 족제비들의 기계 덕분에 추론 능력도 익혀서 예전보다 더 나은 대화를 할 수 있을 거라는 기대를 받고 있었답니다.

그러던 어느 날이었어요. 젊은 카멜레온 커플이 숨바꼭질하며 놀고 있었죠. 여자 친구가 숨고 남자 친구가 술래가 되어 찾고 있었어요. 네오 레온은 이리저리 찾아보고 있는 남자 친구의 곁으로 와서 말을 걸었어요.

네오 레온 "안녕~. 지금 뭐 하니?"
카멜레온 남자 친구 "아, 레온 안녕? 난 여자 친구를 찾는 중인데, 영 못 찾겠네."

그 말을 들은 네오 레온은 이렇게 말했어요.

네오 레온 "아하, 너 여자 친구를 갖고 싶은 거로구나! 여자 친구를 만나고 싶다면 레온도 도와줄게 ♪."

카멜레온 남자 친구 "뭐? 그게 무슨 소리야?"

그때 네오 레온 등 뒤에서 카멜레온 여자 친구가 모습을 드러냈어요. 여자 친구는 얼굴이 붉으락푸르락하면서 남자 친구에게 말했어요.

카멜레온 여자 친구 "야, 너 내가 다 들었어. 지금 나를 두고 레온에게 새 여자 친구를 찾고 싶다고 부탁한 거야? 이 바람둥이야! 이제 난 너 같은 거 몰라!"

카멜레온 남자 친구 "자, 잠깐 기다려! 오해야!"

비슷한 시각, 두더지 마을에서도 문제가 생겼어요. 두더지들은 족제비 마을에서 보내온 로봇에 지도를 읽혀서 주변 마을을 오가는 심부름꾼으로 쓰기로 했답니다. 곧장 '두더지 마을－개미 마을 공동 개최 지하 축구 대회 월드컵' 기획안을 로봇에게 주고 명령했죠.

두더지들 "개미 마을로 가서 이 서류를 주민 센터에 전해 줘."

그 말을 들은 로봇은 서류를 가지고 개미 마을로 갔어요. 지도 정보가 정확해서 길을 잃는 일은 없었지요. 그런데 무슨 생각을 했는지 로봇은 개미 마을 주민 센터에 서류를 전달하지 않고 그대로 두더지 마을로 돌아왔어요.

두더지들 "어? 왜 서류를 가지고 돌아왔지?"

두더지들이 의아하게 바라보는 사이, 로봇은 두더지 마을 주민 센터 쪽으로 걸어가 주민 센터 입구에 서류를 휙 내던졌어요.

두더지들은 이해할 수 없었어요. 무엇이 잘못된 건지 전혀 알 수가 없어서 족제비들에게 물어보기로 했지요. 하지만 족제비들은 단체 여행을 떠났던 터라 지금 마을에는 아무도 없었어요. 두더지들은 족제비들이 어디로 여행을 갔는지 알았기 때문에 로봇에게 편지를 맡기고 이렇게 명령했어요.

두더지들 "온천 마을로 가서 족제비들에게 이 편지를 전해 줘."

로봇은 명령대로 마을을 나섰어요. 로봇은 걷는 속도가 굉장히 빨라서 족제비들보다 더 빨리 온천 마을에 도착했답니다. 거리는 각지에서 찾아온 관광객들로 붐볐고, 그중에는 외국에서 온 족제비들도 있었어요. 로봇은 그들에게 다가가 두더지들의 편지를 건넸어요. 외국 족제비들이 놀라는군요.

외국 족제비들 "오우! 그레잇 로봇!" "What is this? A message for us?"

외국 족제비들은 뭐가 뭔지도 잘 이해하지 못한 채 로봇과 함께 인증샷 몇 장을 찍었어요. 편지는 '로봇을 만난 기념'삼아 가지고 돌아가기로 한 모양이에요. 바로 그때 족제비 마을 주민들이 온천 거리에 도착했지만, 로봇은 족제비들을 거들떠보지도 않고 두더지 마을로 돌아갔어요. 아무것도 모르는 족제비들은 숙소에 도착해 편한 옷으로 갈아입고 한숨을 돌렸죠.

그 무렵, 물고기 마을에서도 문제가 생기고 있었어요. 물고기 마을에서도 족제비 마을 로봇을 다른 호수와 편지나 물건을 주고받는 데 사용하기 시작했답니다. 이제까지는 가까운 호수로 뭔가를 보낼 때도 강을 거슬러 내려가서 바다로 나갔다가 다른 강을 따라 올라가야만 했어요.

하지만 로봇은 육지를 걸을 수 있기 때문에 이 호수에서 저 호수로 직접 물건을 보낼 수가 있었지요. 물고기들은 곧장 로봇을 사용해서 다른 호수에 사는 친구들에게 선물이나 편지를 보냈어요.

그런 물고기들 중 하나인 물고기 민은 다른 호수에 사는 여자 친구인 물고기 린에게 선물을 보냈답니다. 물고기들에게 인기 있는 브랜드 '물에샤~넬'의 복어 무늬 가방이었어요. 물고기 민은 로봇에게 선물을 전해 준 다음 물고기 린이 선물을 받고서 어떤 말을 했는지 똑똑히 기억해 오라고 명령했어요.

로봇은 호수를 나가 잠시 숲속을 걷다가 물고기 린이 사는 호수로 들어갔어요. 물고기 린의 집을 발견한 로봇은 선물 배달을 완수했어요.

물고기 린 "어머? 물고기 민 씨가 보낸 선물?!"

물고기 린은 선물 상자를 열고 가방을 보자마자 뛸 듯이 기뻐하며 이렇게 말했답니다.

물고기 린 "물에샤~넬의 가방이네! 게다가 이건 내가 늘 갖고 싶어 하던 모델 아니야?! 날 이렇게 놀라게 만들다니, 물고기 민 씨 때문에 내가 못 살아 정말!"

로봇은 물고기 마을로 돌아가 선물을 보낸 물고기 민에게 이렇게 전했어요.

로봇 "물고기 린 님은 '이건 내가 늘 갖고 싶어 하던 모델이 아니다. 물고기 민 씨 때문에 내가 정말 못 산다.'라고 말했습니다."
물고기 민 "뭐라고?! 내가 얼마나 고생해서 산 줄도 모르고 어떻게 그런 말을!"

물고기 민과 물고기 린이 오해를 풀기까지는 꽤나 많은 수고가 들어갔어요. 그리고 곧 다른 물고기들도 비슷한 문제를 경험하기 시작했지요.

개미 마을은 어떨까요? 족제비들이 노천 온천에 들어가 여유를 즐기던 무렵, 개미들은 로봇 '개미 신'을 개량했답니다. 물론 족제비 마을의 기계를 이용해서 말이에요. 근면하고 똘똘한 개미들은 개미 신을 자유롭게 움직일 수 있는 고도의 로봇으로 재탄생시켰어요. 자기 다리로 움직일 수 있을 뿐만 아니라 누구에게 명령받지 않고도 스스로 상황을 판단하고 행동을 결정해 움직일 수 있는 로봇이었죠.

업그레이드판 개미 신이 막 완성되어 개미들이 기뻐하고 있을 때, 하늘에서 커다란 빗방울이 떨어지기 시작했어요. 비는 곧 세차게 내리기 시작했고, 산 위의 스피커에서 가까운 마을들에 내리는 호우 경보가 흘러나왔어요.

스피커 "이웃 마을 여러분, 호우 경보가 발령되었습니다. 위험하니 강 근처로 가서 놀지 마세요."

그 소리를 들은 개미 신은 무슨 생각을 했는지 갑자기 걷기 시작했어요. 개미들은 필사적으로 그 뒤를 쫓았지만, 개미 신은 크기도 크고 심지어 업그레이드한 후여서 움직임도 빨라 좀처럼 따라잡을 수가 없었지요. 이윽고 개미 신은 빗물로 물이 불어난 강 근처에 도착했어요. 가까이 접근하기엔 너무 위험해서 개미들은 그저 먼발치에서 개미 신의 모습을 지켜볼 수밖에 없었답니다.

개미 신은 강 근처까지 가서 무엇을 하는 것도 아니고, 그저 비를 맞으며 가만히 서 있었어요. 그러다 마침내 강에서 넘친 물이 개미 신을 휩쓸고 단숨에 강 하류까지 보내 버렸죠. 개미들이 개미 신을 다시 찾아오기까지는 엄청난 시간과 수고가 들었어요.

도로 찾아온 개미 신은 거센 강물에 떠내려갔음에도 불구하고 다행히 고장 나지 않았어요. 개미들은 일단 안심했지만, 그다음 날 또 다른 문제에 맞닥뜨려야 했답니다.

개미 신이 산기슭에 있는 백화점에 들어갔을 때의 일이에요. 갑자기 경보가 울리며 장내 방송이 흘러나왔어요.

장내 방송 "현재 건물 안에서 화재가 발생하였습니다. 건물 밖으로 나가 불이 난 곳에 접근하지 마십시오."

개미 신과 함께 있었던 개미들은 1층 안쪽에서 불길이 치솟는 모습을 보았어요. 개미들은 곧바로 밖으로 나갔지만, 무슨 영문인지 개미 신은 나오려 하질 않았어요. 건물 안에서 밖으로 나오려고 하지는 않고, 그러면서도 불길로부터는 필사적으로 멀어지려 하고 있었지요.

개미들은 어서 개미 신을 밖으로 나오게 해야 한다고 생각했지만, 모든 개미의 힘을 다 합친 것보다 수천 배는 더 힘이 센 개미 신을 끌고 나올 수는 없었어요. 곧바로 소방에 착수한 물총고기들 덕분에 다 타 버리는 신세는 면했지만 개미 신의 몸 일부는 까맣게 불에 그슬렸답니다. 개미들은 족제비들에게 어떻게든 변상을 요구해야겠다고 생각했어요.

그 무렵, 정작 족제비들은 온천 숙소에서 탁구를 즐기고, 술과 산해진미를 잔뜩 맛보며 떠들썩하게 놀고 있었죠. 족제비들은 온천을 만끽했지만, 사실은 벌써 살짝 질려 있었어요.

"근데 아무래도 한곳에서만 7박 8일을 보내는 건 너무 긴 것 같지 않아?"

"그러게. 여기에서 놀 수 있는 건 거의 다 한 것 같은데?"

"그래도 아직 마을로 돌아가고 싶진 않아."

"그렇지~? 우리 어디 다른 데도 가 볼까?"

족제비들이 이렇게 느긋한 대화를 나눌 동안, 올빼미 마을에서도 문제가 일어나고 있었답니다. 올빼미들은 로봇에게 마을 입구를 지키게 하기로 하고, 몇 대의 로봇을 향해 이렇게 말했어요.

올빼미들 "이제부터 마을 입구로 가 주면 좋겠어."

하지만 로봇들은 움직이려 하지 않았어요.

올빼미들 "왜들 이러지? 마을 입구로 가 주면 좋겠다니까."

그래도 로봇들은 미동도 하지 않았어요. 올빼미들은 몇 번 명령해 보다가 간신히 "마을 입구로 가라."라는 간단명료한 명령으로 로봇들을 움직일 수 있었죠.

올빼미들 "흐음. 아무래도 명령은 '명령형'으로 똑똑히 말해야 하는 모양이군. 불편하게 됐어."

하지만 이내 꼭 그렇지도 않다는 걸 알게 됐어요. 마을 공원에서 트레이닝 중이던 권투 선수 올빼미가 벤치에 앉아 "아~, 케이크 먹고 싶다."라고 중얼거리자 가까이에 있던 로봇이 마을 빵집에 가서 케이크를 가지고 왔던 것이죠. 하지만 권투 선수 올빼미는 기뻐하기는커녕 불같이 화를 냈어요.

권투 선수 올빼미 "아니, 이게 뭐야. 시합 전에 체중을 줄여야 해서 그렇게 좋아하는 케이크는 쳐다보지도 않으려고 했는데…… 그런 내게 대체 무슨 짓을 한 거냐고! 지금 이걸 먹으면 난 페더급 시합에 출전할 수가 없어!"

이렇게 이 마을 저 마을마다 족제비 마을의 로봇에 대한 불만이 점점 들끓게 되었지 뭐예요. 동물들은 한데 모여 의논한 끝에 당장 족제비들을 불러들여 책임지게 하기로 했어요. 그렇게 각 마을 특사들은 각자 족제비 소환장을 들고 온천 마을로 향했지요. 그런데 온천 마을 거리를 샅샅이 뒤져 봐도 족제비들은 어디서도 보이지 않았어요.

이웃 마을 특사들 "이 녀석들이 대체 어디로 내뺀 거야?!"

각 마을 특사들은 하는 수 없이 허탕을 치고 돌아왔지만 운 좋게도 마을로 돌아오는 도중에 안경원숭이를 마주치게 되었답니다. 족제비들에게 힘을 빌려주었던 바로 그 안경원숭이 말이에요. 안경원숭이는 회사로 복귀하던 중에 또다시 길을 잃어 길바닥에 쓰러져 있었어요.

두더지 마을로 실려 간 안경원숭이는 식사를 대접받고 기운을 회복했어요. 그리고 곧장 동물들로부터 질문 공세를 받았답니다.

두더지들 "족제비 마을 로봇 때문에 이 마을 저 마을 모두 난리예요. 어떻게 안 되겠습니까?"
올빼미들 "맞아. 족제비 마을 로봇 알맹이는 실질적으로 그쪽이 만들었잖아? 그럼 개보수도 그쪽이 할 수 있겠지."

안경원숭이는 당황했어요.

안경원숭이 "자, 잠깐만요, 여러분. 오해가 좀 있으신 것 같습니다. 제가 족제비 마을에 제공한 건 기계 학습 방법뿐이에요. 제가 족제비 마을에서 먼저 수집해 두셨던 50만 개 예제에 저희 회사의 최신 학습 방법을 적용해서 기계가 문제를 풀 수 있게 한 건 맞습니다. 또 제가 기계를 이리저리 조작해서 꽤 높은 점 수를 낼 수 있게 된 것도 맞죠.

하지만 그 최신 학습 방법과 제가 한 조정들로 어떻게 높은 점수를 낼 수 있었는지는 저도 자세히 몰라요. 애당초 '어떻게 잘된 건지'도 모르는데 '어째서 잘되지 않는지'를 알 수 있겠습 니까? 물론 좀 더 미세하게 조정해서 지금 여러분이 말씀하시 는 문제를 해결할 수 있을지도 모릅니다. 하지만 그것이 본질 적인 해결책이 될 거라고는 보장할 수 없어요."

다른 마을 동물들은 입을 꾹 다물었어요. 족제비들이라면 안경 원숭이의 설명에 이런저런 불평을 했을 테지만, 다른 마을 동물 들은 직접 '기계 학습'을 사용했던 경험이 있어서 안경원숭이가 무슨 말을 하려는지 알았던 거예요. 기계 학습에 약점이 있다는 걸 이미 알고 있던 거죠. 특히나 최신 기계 학습 방법은 대단히 강력하지만, 무엇이 어떻게 돌아가서 그렇게 강력한지 잘 알 수 없는 부분들이 있었어요.

고요해진 분위기 속에서 개미 신 안에 탄 개미들이 이렇게 말 했어요.

개미들 "제안이 하나 있다. 기계 학습을 위한 예제를 더 늘리면 결과가 더 바르게 나오지 않을까? 혹시 학습량이 너무 부족했던 건 아닐까?"

다른 동물들도 맞는 말이라고 생각했어요. 하지만 웬일인지 안경원숭이의 표정이 그리 밝아 보이지 않는군요.

안경원숭이 "물론 그것도 하나의 방법일 겁니다. 그렇지만 그보다 먼저 지금 사용한 50만 개의 예제가 정말 옳은지부터 확인해야 할 거예요. 저희 회사의 학습 방법이 아무리 성능이 좋더라도 예제가 부적절하거나 오류가 있다면 기대한 만큼의 학습 결과가 나오지 못할 테니까요."

올빼미들이 고개를 끄덕이네요.

올빼미들 "그건 정말 맞는 말이야. 우리가 올빼미 눈을 개량하려고 족제비들에게 이미지 수집을 시켰을 때, 녀석들이 얼마나 대충대충 이미지를 모아 왔던지 정말 큰일 날 뻔했다니까."
안경원숭이 "네. 이번에도 같은 일이 일어난 건지도 모르지요."
물고기들 "하지만 그 예제들은 당신이 기계에 학습시키기 전에 직접 체크하지 않았나?"

안경원숭이는 살짝 불만스러운 얼굴로 대답했어요.

안경원숭이 "저희 회사에서는 기본적으로 예제, 즉 학습 재료가 옳은지 그른지까지는 보증하지 않습니다. 그 과정은 저희 회사 기술을 이용하시는 고객님께서 직접 책임지실 부분이지요.

게다가 50만 개의 예제를 전부 하나하나 살펴보란 말씀이신 가요? 불가능하지는 않겠지만 그래도 보통 일이 아니란 건 여러분도 아시지 않습니까."

카멜레온들 "잠깐만. 원래 그 50만 개 예제는 크라우드소싱으로 수집한 거 아니었나? 그렇다면 체크하는 것도 크라우드소싱을 이용하는 게 어떨까?"

모두가 좋은 아이디어라고 생각했어요. 동물들은 서둘러 50만 개의 예제를 '기계 장치 칠면조'에 투고해서 작업자를 모집하고, 진짜 문제가 있는지 없는지를 확인시켰지요. 물론 돈이야 들겠지만, 청구서는 족제비 마을 앞으로 보내기로 했답니다.

하지만 전 세계에서 모인 작업자들이 확인한 결과, 문제는 거의 발견되지 않았어요. 그저 읽기 부자연스러운 표현이나 명백한 오타가 몇 군데에서 발견된 정도였지요.

안경원숭이 "별다른 문제가 발견되진 않았네요."

카멜레온들 "저기, 혹시 작업한 동물들이 뭘 해야 했는지 정확히 알았었던 게 맞아?"

안경원숭이 "간단한 지시서를 주었으니 아마 잘 알아듣고 작업했을 겁니다."

카멜레온들 "그래도 그들이 이런 작업의 전문가라고 장담할 수는 없잖아?"

안경원숭이 "전문가로만 제한해 버리면 작업할 수 있는 동물이 엄청나게 줄어들고 단가도 높아집니다. 이렇게 대량의 데이터를 소수의 전문가들에게만 맡기는 건 도저히 불가능해요."

올빼미들 "그렇다고는 하지만 아무래도 믿음이 안 가는 부분이 있으니 하는 말이야. 작업 동물들에게 준 지시서에 우리가 바라는 내용을 명확하게 적은 건 맞아?"

안경원숭이 "당연하죠, 저는 똑똑히 적었습니다!"

두더지들 "당신은 제대로 적었겠지만, 작업하는 동물들이 제대로 이해한 건 맞을까?"

동물들은 다시 입을 꾹 다뭅니다. 대체 어떻게 해야 믿을 수 있는 예제를 수집할 수 있을까요? 지금 동물들은 믿음은커녕 '불신의 무한 루프'에 빠진 듯한 기분이 들었어요.

그때였어요. "다들 모여 계시는군요. 무슨 일이 있나요?"라고 묻는 소리가 들렸어요. 목소리의 주인은 너구리였답니다.

개미들 "너구리 의장님! 아주 좋은 타이밍에 오셨네요."

동물들은 너구리에게 지금 일어나고 있는 문제를 설명하고, 절실한 눈빛으로 의견을 구했어요.

너구리 "옳거니. 내 예상이 맞았군요."

너구리는 제2회 족제비 마을 피해자 모임 때 분명히 너무 지나친 기대는 하지 않는 편이 좋을 거라고 말했었지요. 하지만 다른 동물들은 아무도 그 말을 기억하고 있지 않았어요.

너구리 "지금 여러분에게 닥친 문제는 '의도의 이해'에 관한 문제 같군요."

동물들 "의도의 이해요?"

너구리 "네. 발화된 말에서 화자의 의도, 즉 무슨 말을 하고 싶은 건지를 추측하는 문제죠."

올빼미들 "하지만 '무슨 말을 하고 싶은지'란 건 '발화된 말' 그 자체 아닌가요?"

너구리 "반드시 그렇다고 단언할 수는 없어요. 예컨대 모호성의 문제가 있으니까요. 카멜레온 마을에서 일어난 문제를 예로 들어 설명해 볼게요.

이 경우는 '여자 친구를 찾는다.'라는 문장을 들은 레온이 '화자에게는 여자 친구가 없다' 그리고 '화자는 여자 친구가 있기를 바란다'라고 해석한 경우죠? 하지만 실제로 화자에게는 여자 친구가 있었고, 그 여자 친구가 숨바꼭질하느라 어딘가에

숨어 있었기 때문에 찾고 있었을 뿐이고요.

즉 발화된 말인 '여자 친구를 찾는다.'에는 '연인이 없어서 연인이 되어 줄 상대를 찾는다'라는 뜻과 '연인이 있으며 그 특정 개인을 찾는다'라는 뜻이 있지요.

화자가 어느 쪽을 의도하는지를 알기 위해서는 상황이나 상식을 실마리로 삼아 추측해야 합니다. 이건 경우에 따라서는 우리에게도 어려운 일이니, 기계인 레온에게는 더더욱 어려운 일이지요."

카멜레온들 "아하. 그런데 왜 레온은 '연인이 없다' 쪽을 선택한 걸까요?"

너구리 "정확히 알 수는 없지만, 아마도 50만 개의 예제 중에 그런 내용이 포함되어 있었던 게 아닐까요? 반대로 '연인이 있으나~'라는 뜻이 포함되어 있지 않거나 또는 그 수가 대단히 적은 걸지도 모르고요."

두더지들 "그렇군요. 그럼 우리 마을에서 일어난 문제는 어떻습니까? 로봇에게 '개미 마을로 가서 이 서류를 주민 센터에 전해 줘.'라고 말했더니 개미 마을에 다녀온 것까지는 그렇다 치고, 서류를 우리 마을 주민 센터에 전해 줬지 뭡니까."

너구리 "그건 '주민 센터'라는 말이 무엇을 가리켰는가 하는 문제인데요. 두더지 여러분은 '주민 센터'라는 말로 '개미 마을 주민 센터'를 가리켰다고 생각하겠지만, 로봇은 '두더지 마을 주민 센터'로 이해했던 거지요. 이유는 알 수 없지만 어쩌면 거리상으로 가장 가까운 주민 센터를 고르라고 설정되어 있는지도 모르겠습니다."

물고기들도 입을 여네요.

물고기들 "우리 마을 젊은이에게 일어난 황당한 사건은 어떻게 설명할 수 있을까요? 원거리 연애 중인 여자 친구가 사실은 선물을 받고 기뻐했는데 로봇이 남자 친구에게 그 반응을 잘못 전했던 모양이에요."

너구리 "아아, '이건 내가 늘 갖고 싶어 하던 모델 아니야?!'라고 했다던 얘기 말이군요. 이 경우에는 '아니야'라는 말이 문제였을 겁니다. '아니다'에는 '앞에서 말한 사실을 긍정하여 강조하는 것'과 '어떤 사실을 부정하는 것'이라는 전혀 다른 뜻이 있는데, 선물을 받은 여자 친구가 쓴 '아니야'는 전자에 해당하는 의미였죠.

즉 '이건 내가 늘 원했던 바로 그 모델이다'라는 사실을 강조했던 셈인데요."

물고기들 "아하. 하지만 로봇은 '부정하는 뜻을 나타내는 말'로 이해했던 거군요."

너구리 "이해했는지 못 했는지는 알 수 없지만 적어도 '아니야'를 '~이(가) 아니다'로 바꾸어 말할 수 있다고 판단하지 않았을까요? 이것도 50만 개의 예제 중에 들어 있을지도 모르겠군요.

안경원숭이 선생, 잠깐 예제를 보여 줄 수 있겠습니까? …… 고맙습니다. 아, 여기 보십시오. 역시 여기 있었네요."

너구리가 안경원숭이의 컴퓨터에서 예제를 검색하자 다음과 같은 예제들이 나옵니다.

예제 220331

A. 저는 '아니야'라고 똑똑히 말했어요.

B. 저는 아니라고 똑똑히 말했습니다.

정답 ○

예제 471188

A. 그런 녀석, 이제 친구가 아니야.

B. 그런 녀석, 이제 친구가 아니다.

정답 ○

너구리 "아마도 이런 예제를 몇 가지 학습한 결과 '아니야'를 '아니다'로 바꾸어 말해도 된다고 판단하게 되었을 겁니다. 하지만 어떤 사실을 부정하는 '아니야'는 '아니다'로 바꿔 말할 수 있지만, 어떤 사실을 긍정하여 강조하는 '아니야'는 바꾸어 말할 수 없어요.

　오해의 원인은 여기에 있었겠지요. 그러니까 이 경우도 '아니야'에 담긴 뜻을 기계가 잘 처리하지 못한 예라고 할 수 있습니다. 그래도 두 가지 의미의 '아니야'는 서로 억양이나 발음이 다르니 로봇이 거기까지 식별할 수 있었더라면 좋았겠지요."

물고기들　"호오~."

다음은 개미 신 안에 올라탄 개미들이 묻는군요.

개미들　"개미 신에게 일어난 일도 설명해 주실 수 있나요? '강 근처로 가서 놀지 마세요.'라는 방송을 듣고는 물이 불어난 강 근처로 가고, '건물 밖으로 나가 불이 난 곳에 접근하지 마십시오.'라는 방송을 듣고는 건물 안에 머물려고 했던 일들 말이에요."

너구리 "그것도 근본적으로는 다른 마을들의 문제와 마찬가지입니다. 개미 신이 방송의 의도를 잘못 파악했겠지요. 단 다른 마을들의 경우와 다른 점은 구조적인 모호성에 관련된 문제라는 겁니다."

개미들 "구조적인 모호성이요?"

너구리 "쉽게 설명하기 위해 '강 근처로 가서 놀지 마라.', '건물 밖으로 나가 불이 난 곳에 접근하지 마라.'라는 부분만 떼어 내서 살펴봅시다. 이 두 문장 모두 단순화하면 'P하고 Q하지 마라.'란 형태의 문장입니다. 둘 다 끝부분에 부정 표현인 '말다'가 붙어 있죠. 이 '말다'는 영향 범위를 갖기 때문에 문장 안에서 어디까지가 그 범위에 포함되는지에 따라 뜻이 달라집니다. 다음 두 가지와 같은 가능성이 있어요. 둘 다 문장의 구조로서 말이 되기 때문에 원칙적으로 이 형태의 문장은 모호하죠."

밑줄 부분이 '말다'의 영향 범위

① P하고 Q하지 마라.

② P하고 Q하지 마라.

너구리 "①은 '말다'의 영향 범위에 'P하고 Q하다' 전체가 들어가는 경우이고, ②는 'Q하다'만 들어가는 경우입니다. ①과 ②는 아래와 같이 의미가 달라지죠."

①의 뜻 P하지 마라. Q하지 마라.[40]

②의 뜻 P해라. Q하지 마라.

개미들 "그러니까 ①을 적용하면 'P하지 마라'가 되지만 ②를 적용하면 'P해라'가 된단 말이군요?"

너구리 "맞습니다. '강 근처로 가서 놀지 마라.'에 대해 생각해 볼까요? 위 도식에 따라 나누면 '강 근처로 가서'가 'P하고'에 해당하고, '놀지'가 'Q하지'에 해당한다고 볼 수 있죠. 그 방송은 ①의 의미로 의도하였을 겁니다. 즉 '말다'가 '강 근처로 가서 놀지' 전체를 영향 범위에 포함하니 결과적으로 방송을 들은 청취자가 다음과 같이 이해해 주기를 기대했겠죠.

강 근처로 가서 놀지 마라. (P하고 Q하지 마라.)

→ 강 근처로 가지 마라. 놀지 마라. (P하지 마라. Q하지 마라.)

그런데 개미 신은 이 문장을 ②로 해석해 버린 겁니다. 즉 '마라'의 영향 범위에 '강 근처로 가서'가 포함되지 않는 해석을 한 거예요.

강 근처로 가서 놀지 마라. (P하고 Q하지 마라.)

→ 강 근처로 가라. 놀지 마라. (P해라. Q하지 마라.)

아마도 이게 원인이었을 겁니다. 이대로 해석했으니 강 근처로 가서 놀지 않고 가만히 있었던 거죠."

개미들은 감탄했어요.

개미들 "오, 그렇군요! 우리도 점점 이해되기 시작했어요. 방금 설명을 듣고 떠오른 추측인데 혹시 '건물 밖으로 나가 불이 난 곳에 접근하지 마라.'는 반대의 경우가 발생했던 겁니까? 그러니까 방송의 의도는 '건물 밖으로 나가라' 그리고 '불이 난 곳에 접근하지 마라'였는데, 개미 신은 '건물 밖으로 나가지 마라' 그리고 '불이 난 곳에 접근하지 마라'라고 해석했던 걸까요?"

너구리 "제 생각도 개미 여러분과 같습니다. 이 경우에 방송의 의도는 '말다'가 '불이 난 곳에 접근하지'만 영향 범위에 포함하고 '건물 밖으로 나가서'는 포함하지 않았는데, 개미 신은 둘 다 '말다'의 영향 범위에 포함했다고 해석해 버린 걸 겁니다."

방송의 의도

건물 밖으로 나가 <u>불이 난 곳에 접근하지</u> 마라. (P하고 Q하지 마라.)

→ 건물 밖으로 나가라. 불이 난 곳에 접근하지 마라. (P해라. Q하지 마라.)

개미 신의 해석

건물 밖으로 나가 불이 난 곳에 접근하지 마라. (P하고 Q하지 마라.)

→ 건물 밖으로 나가지 마라. 불이 난 곳에 접근하지 마라. (P하지 마라. Q하지 마라.)

개미들 "그런데 개미 신은 왜 올바른 해석을 고르지 못했을까요? 이것도 어떤 면에서는 추론의 문제인 것 같은데, 50만 개의 예제로 학습한 것만으로는 부족한 걸까요?"

너구리 "그 정도로는 어려울 겁니다. 아마도 50만 개의 예제 중에는 ①과 ②의 예가 모두 들어 있었을 텐데요. 이 형태의 문장은 본래 모호하기 때문에 어느 쪽으로 해석하든 추론의 문제로서는 오류라고 말할 수 없어요.

그런데도 우리가 상대의 의도로서 올바른 해석을 고를 수 있는 건 '폭우가 내리는 날 강 근처에 가면 위험하다'라거나 '불이 나면 신속하게 건물 밖으로 나가야 한다' 같은 지식을 알고 있기 때문이지요. 즉 우리는 상식이나 본인의 직간접적인 경험 지식을 활용해 화자의 의도를 추론한다는 말이에요. 경우에 따라서는 상식뿐만 아니라 상대방의 표정이나 몸짓, 그 자리의 분위기 등 여러 가지를 고려해서 판단해야 할 때도 있을 겁니다. 그러한 요인들에는 눈에 보이지 않는 것도 많고, 전부 열거

할 수 있다고 장담할 수도 없으니 모든 요인을 넣은 예제를 만들기란 힘들겠지요."

다음으로 올빼미들이 질문하는군요.

올빼미들 "너구리 의장님, 우리 마을에서 일어난 일은 어떻게 이해해야 할까요?"

너구리 "음, 일단은 '마을 입구로 가 주면 좋겠다.'를 로봇이 명령으로 받아들이지 못했던 일 말씀이지요?"

올빼미들 "네. 우리는 '마을 입구로 가 주면 좋겠다.'라는 문장에서 '마을 입구로 가라'라는 의미가 추론될 수 있을 거라고 생각했는데요. 50만 개의 예제 중에 이런 내용이 없었던 걸까요?"

너구리 "흐음, 올빼미 여러분이 무슨 말씀을 하고 싶은지는 알겠습니다. 그런데 딱 하나 틀린 게 있어요. 바로 '마을 입구로 가 주면 좋겠다.'라는 문장에서 '마을 입구로 가라'라는 문장을 추론할 수 없다는 점이지요. 이건 추론이 아니라 '대화 함축'이라고 부르는 현상이에요."

올빼미들 "대화 함축˚이요? 추론과는 어떻게 다릅니까?"

---

* 함축이란 어떤 문장에 직접 표현된 내용 이상의 의미가 담겨 있는 현상을 말하며, 대화 함축이란 말하는 이와 듣는 이가 서로 문장을 교환할 때 추론을 통해서 얻어지는 함축을 말한다. 대화 함축의 가장 간단한 예: "여권과 비행기표는 가져오셨죠?"라는 질문에 "여권은 가져왔는데요."라고 대답한다면 비행기표는 가지고 오지 않았다는 걸 함께 추론할 수 있다.

너구리 "여러분께서 아시는 대로 A 문장에서 B 문장이 추론된다면, 'A 문장이 참이라면 B 문장도 참이다'라는 뜻입니다. 이때 A 문장은 말할 수 있으나 B 문장은 말할 수 없는 상황은 있을 수가 없지요. 다시 말해서 '아까 A라고 말했는데, B라는 뜻은 아니야.'라고 이야기할 수는 없다는 말입니다.

하지만 '마을 입구로 가 주면 좋겠다.'와 '마을 입구로 가라.'의 관계는 다릅니다. '당신이 마을 입구로 가 주면 좋겠다. 하지만 가라는 뜻은 아니다.'라고 말할 수 있다는 것이 그 증거이지요. 즉 '마을 입구로 가 주면 좋겠다.'라는 문장은 명령이 아니라 단순한 희망 표명으로 할 수 있는 말이라는 이야기지요."[**]

올빼미들 "아하. 하지만 그것과 문장의 모호성이 다른 겁니까? '~해 주면 좋겠다.'라는 문장에는 '희망 표명'과 '명령'이라는 다른 두 가지 뜻이 있다는 말씀이지 않나요?"

너구리 "'~해 주면 좋겠다.'라는 문장의 경우, 본래 뜻은 문자 그대로 '희망 표명'일 겁니다. '명령'은 거기에서 부수적으로 생겨나는 뜻일 테고요. 그리고 왜 명령의 뜻이 생기느냐 하면, 청자가 '왜 화자가 일부러 희망을 표명하는가'를 생각했을 때 '명령이니까'라고 생각하는 것이 맞아떨어지는 상황에서 이야기가 이루어지고 있기 때문이지요."

[**] "마을 입구로 가 주면 좋겠네."라고 말했다고 해서 반드시 가야 하는 의무를 말하는 것은 아닐 수 있다는 의미에서 대화 함축을 소개하고 있다.

올빼미들 "그렇군요. 지금 해 주신 설명은 대충 알 것 같습니다. 그런데 그렇다면 로봇은 대체 왜 젊은이가 혼자 '케이크 먹고 싶다.'라고 중얼거린 말을 듣고 '케이크를 가지고 와라'라는 명령으로 해석한 걸까요? 이것도 의장님께서 방금 해 주신 설명에 따르면 추론이 아니라 대화 함축인 겁니까?"

너구리 "네, 맞습니다. 저도 그건 좀 이상하더군요. 어쩌면 그와 비슷한 예가 50만 개의 예제 중에 '올바른 추론의 예'로 섞여 있는 걸지도 모르겠어요."

말을 마친 너구리는 다시 예제를 검색합니다.

너구리 "아아, 역시나 이런 게 있었군요."

예제 57423

A. 건너편에 놓여 있는 잡지를 읽고 싶다.

B. 건너편에 놓여 있는 잡지를 들고 와라.

정답 ○

예제 301678

A. 텔레비전을 보고 싶다.

B. 텔레비전을 틀어라.

정답 ○

올빼미들 "너구리 의장님의 말씀이 맞는다면 이 예들은 추론이 아닌데 추론의 예제에 들어간 건 잘못된 거 아닙니까?"

너구리 "네, 저도 그렇게 생각합니다. 하지만 추론과 추론을 닮되 추론이 아닌 것을 구별하는 일은 전문가가 아닌 이상은 하기 어려울 겁니다. 다수의 동물에게 예제를 만들어 달라고 부탁한 이상 이런 것들이 섞인 결과물을 받는 일은 어쩔 수 없는 것인지도 모르지요.

　게다가 연구자에 따라서는 '엄밀한 추론은 아니지만 응용의 관점에서 보아 이런 예도 제공하면 더욱 편리해지겠다.'라고 생각해서 추론이 아닌 예제를 추론의 예제에 넣는 경우도 있는 모양입니다. 제 관점에서는 반대하지만 말이지요."

각 마을에서 일어난 문제들에 대해 너구리의 설명을 들은 동물들은 대체로 납득했어요. 이제 중요한 것은 이 문제들을 해결할 방법을 찾는 것이었죠.

두더지들 "거, 안경원숭이 씨. 이런 문제는 그쪽 회사 기술로 어떻게 안 됩니까?"

안경원숭이 "으음, 저희의 기계 학습 방법은 입력과 출력이 확실하게 정해져 있어서 예제의 양만 충분하다면 대부분의 문제에 활용할 수 있습니다. 하지만 지금 여러분이 논의하시는 문제는 무엇이 입력이고 무엇이 출력인가요? 그리고 예제는 누가, 어떻게 모으시려는 거죠?"

동물들 "으~음……."

동물들 사이에 길고 긴 대화가 시작되었답니다. 그 무렵, 족제비 마을 주민들은 이탈리아에서 귀국하는 국제선 비행기를 타고 있었어요. 며칠 전 온천 마을에서 즉흥적으로 이탈리아로 떠나 이탈리아의 아름다운 풍경과 마을, 피자, 파스타, 와인을 모두 만끽하고 아주 만족스럽게 돌아오는 참이었지요.

"야아~, 이탈리아 여행 정말 재밌었다!"

"맞아, 첫 해외여행이라 긴장했는데 족제비들에게 친절한 나라여서 진짜 좋았어!"

"근데 돈을 너무 많이 쓴 거 아니야?"

"괜찮아. 또 로봇을 만들어서 팔면 되니까."

"맞아. 자, 다들 시차로 고생하지 않도록 푹 쉬자고."

아무것도 모르는 족제비들은 쾌적한 일등석에서 다리를 쭉 뻗고 누워 정신없이 잠에 빠져들었어요. 고향에서 얼마나 큰일이 벌어졌는지 따위는 꿈에도 생각지 못한 채로 말이에요.

문장 자체의 뜻과 화자의 의도는 다를 수 있다:
뜻과 의도

지금까지 기계가 말을 이해한다고 말할 수 있으려면 무엇이 필요한지를 함께 생각해 보았습니다. 한 문장에 대해 '정말인지 아닌지', '정확한지 부정확한지' 또는 '애초에 그런 것을 물을 수 있는 문장인지'처럼 참-거짓을 묻는 것이 필요하다는 점도 이야기했지요.

또 그러기 위해서는 말과 말의 바깥 세계를 연결 짓는 능력과 추론하는 능력이 필요하다는 점도 함께 살펴보았습니다. 마지막으로 거기에 더해 상대방의 의도를 판별하는 능력의 필요성을 살펴보고자 합니다.

'말뜻'과 '의도'의 차이를 의식적으로 구별하는 사람이 얼마나 있을까요? 우리는 보통 이것을 거의 비슷한 의미로 여기는데, 사실 그래도 별 지장은 없습니다. 그러나 언어를 연구하는 학문에서 말뜻과 의도는 종종 구별됩니다.

구별법 중 하나로 '말뜻'을 '문장 그 자체가 나타내는 내용'으로, '의도'를 '그 문장을 말한 화자가 그 문장에서 나타내고 있는(또는 나타내고 싶어 하는) 내용'으로 정의하는 방법이 있습니다. 말뜻의 정의는 화자와 상관없이 '문장의 내용'인 데 반해 의도의 정의는 '화자가 이런 생각으로 말한 내용'이라고 구별하는 것이죠.

왜 굳이 이렇게 말뜻과 의도를 구별해야 할까요? 그것은 말뜻과 의도 사이에 '어긋남'이 생기는 일이 있기 때문입니다. 우리 인간은 사람에 따라 화자의 의도를 잘 파악하는 사람과 잘 파악하지 못하는 사람이 있지만, 대부분의 경우는 무의식적으로 그 어긋남을 해소함으로써 타인의 의도를 추측해 내며 의사소통을 합니다. 그리고 기계가 언어를 잘 다루기 위해서는 어떤 방법으로든 말뜻과 의도가 어긋나는 현상을 해소할 필요가 있습니다.

우선 무슨 뜻인지를 알게 해야… :

모호성 해소

'말뜻과 의도의 어긋남'을 발생시키는 요인 중 하나가 모호성입니다. 상대방이 하는 말에 모호성이 있을 경우, 즉 두 가지 이상의 다른 의미로 해석할 수 있는 경우에는 상대방이 어느 쪽을 의도해서 말했는지 가려내지 않으면 적절하게 반응할 수 없습니다.

모호성이 발생하는 요인에는 몇 가지가 있습니다. 첫째는 앞 장에서도 소개한 다의어의 모호성입니다.

1. 다의어

다의어의 모호성을 해소하는 일은 기계가 풀어야 할 난제 중 하나입니다. 오래전부터 기계는 이 과제와 씨름하고 있는데, 사전을 이용하는 방식과 이용하지 않는 방식이 있습니다. 사전을 이용할 경우에는 앞 장에서 소개한 '워드 넷' 같은 기계용 사전을 사용합니다. 기계용 사전이 정의한 복수의 말뜻 중에서 적절한 것을 고르는 방식이지요.

고르는 방식에는 '가장 자주 쓰이는 말뜻이 사전에서 첫 번째 항목에 실린다고 상정하고 첫 번째 말뜻을 고른다.'라거나 '문장 속 주변 단어와 사전에 실린 말뜻에 사용된 단어를 비교한 다음, 단어 중복이 많은 말뜻을 고른다.' 등과 같은 방법이 있습니다.

사전을 이용하지 않는 방법 중에는 문장 속 단어에 말뜻 정보를 주석(annotation)으로 붙인 말뭉치(주석 말뭉치, annotation corpus)를 많이 준비해서 기계 학습으로 말뜻을 추정할 수 있게 하는 방법이 있습니다. 이런 주석 말뭉치의 한 예를 아래에 소개합니다. 예를 들어 이런 문장이 있다고 칩시다.

이번 여름휴가는 정말 즐거웠다. 휴가비를 두둑이 받은 덕분에 오랜만에 비행기를 타고 떠난 여행이었다. 제일 기억나는 일은 잔디 썰매 경주였다. 썰매를 타고 달리는 기분이 상쾌했고, 또 거기서 일등으로 뽑혀 방송까지 타게 되었다.

이 문장에 출현하는 모든 '타다'에 태그를 써서 말뜻 정보 주석을 붙이면 다음과 같아집니다(아래는 주석을 붙이는 방법의 일례로, 반드시 이렇게 해야 한다는 것은 아닙니다). 다의어인 '타다'의 하위 의미는 다음과 같습니다.

타다①: 탈것이나 짐승의 등 따위에 몸을 얹다.

타다②: 도로, 줄, 산, 나무, 바위 따위를 밟고 오르거나 그것을 따라 지나가다.

타다③: 어떤 조건이나 시간, 기회 등을 이용하다.

타다④: 바람이나 물결, 전파 따위에 실려 퍼지다.

타다⑤: 바닥이 미끄러운 곳에서 어떤 기구를 이용하여 달리다.

타다⑥: 그네나 시소 따위의 놀이 기구에 몸을 싣고 앞뒤로, 위아래로 또는 원을 그리며 움직이다.

타다⑦: 의거하는 계통, 질서나 선을 밟다.

이번 여름휴가는 정말 즐거웠다. 휴가비를 두둑이 받은 덕분에 오랜만에 비행기를 <타다①>타고</타다①> 떠난 여행이었다. 제일 기억나는 일은 잔디 썰매 경주였다. 썰매를 <타다⑤>타고</타다⑤> 달리는 기분이 상쾌했고, 또 거기서 일등으로 뽑혀 방송까지 ＜타다④＞타게＜/타다④＞ 되었다.

주석 말뭉치를 이용한 말뜻의 모호성 해소는 위와 같이 단어에 말뜻 정보를 붙인 문장을 '기계를 위한 예문'으로 준비한 다음 기계에게 학습시키는 방법입니다. 현재는 이 방법이 가장 높은 정밀도를 보이고 있습니다.[41][42]

하지만 주석 말뭉치를 만드는 데는 꽤 많은 시간과 비용이 듭니다. 따라서 대량으로 모으기가 어렵고, 또 언어별로 같은 작업을 반복해야 하는 난점이 있습니다.[43]

사전을 이용하는 방법을 채택하든 이용하지 않는 방법을 채택하든, 각각의 단어에 몇 가지 말뜻을 인정할지 결정해야 하는데, 쉬운 결정이 아니지요.

또 사람이 읽고 말뜻의 정보를 얻을 때는 아무런 문제가 없는 '말뜻 분류'도 막상 특정한 문맥에서 등장한 단어에 적용하려고 하면 잘 맞아떨어지지 않거나 사람에 따라 판단이 일치하지 않는 경우가 있습니다. 주석 말뭉치를 이용하는 방법을 쓸 때도 기계를 위한 견본을 만드는 개발자의 판단이 흔들리면 좋은 견본을 만들 수 없습니다.

최근에는 앞 장에서 소개했던 '말뜻의 벡터 표현'이 말뜻의 모호함을 해소하는 데 도움이 된다는 보고도 나오고 있습니다.[44] 그러나 그럼에도 아직 어려운 문제가 남아 있다고 말할 수 있습니다. 그 근거 중 하나로 기능어의 모호함을 들 수 있지요. 기능어

중에는 다의성을 가지는 단어가 많고, 또 구체적인 내용을 나타내지 않을뿐더러 말뜻이 몇 개나 있는지 판단하기가 내용어보다 어려운 경우가 많습니다.

앞선 에피소드에서는 "아니야"에 '어떤 사실을 부정하는' 뜻과 '어떤 사실을 긍정하며 강조하는' 뜻이 있다고 이야기했습니다. 이 두 가지는 억양 등으로 구별할 수 있지만 다른 기능어들도 모두 그렇게 구별이 가능하다고 말하기는 어렵습니다.

또한 하나의 기능어가 아주 많은 말뜻을 가지는 경우도 종종 있습니다. 이를테면 선어말어미 '-었-'의 역할을 예로 들 수 있지요. "오늘 아침은 7시에 눈이 떠졌다.", "젊은 시절 그녀는 아름다웠다."와 같이 과거를 진술하는 '-었-'은 '문장이 말하는 사건이 지금보다 과거에 일어났던 일을 나타낸다'고 여겨집니다.

그러나 "아, 내일은 일요일이었지!" 같은 경우처럼 '과거'로 생각할 수 없는 경우도 있지요.[45] 일본어의 경우 종결어미 '-た'가 이런 의미로 사용되는데, 여기에 말뜻을 부여한 주석 말뭉치를 만드는 연구[46]에서는 종결어미 '-た'에 대해 14가지의 말뜻을 인정하고 있습니다.[*]

관심이 생기신 분은 이 밖의 기능어('만', '도', '에'……)에도 몇 가지 뜻이 있을지 꼭 떠올려 봐 주세요. 말뜻의 분류가 결코 간단하지 않다는 것을 실감하시리라 생각합니다.

---

[*] 한국어의 선어말어미 '-었-'에는 보통 세 가지 의미가 인정된다.

이처럼 다의어의 모호성 해소는 꽤 어려운 문제인데, 이보다 더 어려운 문제로 '명사(구)가 무엇을 지시하는지에 대한 모호성 해소'가 있습니다. '학생', '고양이' 같은 명사와 '우수한 학생', '하얀 고양이' 같은 명사구는 실제 문맥에 나타났을 때 말의 바깥 세계에 있는 구체적인 무언가를 가리키는 경우도 있고 그렇지 않은 경우도 있습니다.

앞선 에피소드에서 살펴본 "여자 친구를 찾는다." 속 '여자 친구'를 그 예로 볼 수 있습니다. 특정한 누군가를 염두에 두고 '여자 친구'라고 말하는 경우와 그렇지 않은 경우가 있지요. 상대방이 "여자 친구를 찾는다."라고 말했을 때, 어느 쪽 해석이 옳은지는 상대방에 대한 지식이나 상황 등으로 미루어 판단할 수밖에 없습니다.

또 명사(구)가 무언가 구체적인 것을 가리킨다는 걸 알더라도 가리키는 대상이 무엇인지 정확하게 골라내는 일은 쉽지 않습니다. 다음 글을 한번 읽어 봅시다.

데이트 약속을 한 일요일, 철수는 영희를 데리러 집까지 갔지만 영희가 부재중이어서 어쩔 수 없이 다시 집으로 돌아갔다. 너무 한가해서 친구인 영수에게 전화해서 집에 놀러 오지 않겠느냐고 물었다. 하지만 영수는 오늘은 집에 친척이 오기 때문에 안 된다고 거절했다. 전화를 끊자마자 영희가 철수에게 전화를 걸어 왔다. 아까는 급한 일이 있어 집을 비운 모양이었다. 철수는 지금 외출하자고 제안했지만, 영희는 방금 호우 경보가 발령되었다고 말했다. "조금 전에 지역 방송에서 불필요한 외출을 자제하고 집에 있으라고 했으니까 오늘은 얌전히 집에 있는 편이 좋을 것 같아."

여기에는 '집'이라는 단어가 7번 등장합니다. 그리고 우리는 전혀 어렵지 않게 첫 번째 '집'은 '영희네 집', 두 번째와 세 번째는 '철수네 집', 네 번째는 '영수네 집'이라는 걸 이해합니다. 다섯 번째는 '영희네 집', 여섯 번째는 조금 어렵지만 '불특정 다수의 사람들에게 있어 자기 집'이라고 생각하면 되겠지요.

일곱 번째는 '철수네 집과 영희네 집'이라고 이해하는 것이 자연스럽겠습니다. 그러나 기계는 이것을 이해하기가 쉽지 않습니다. 앞 장에서 소개한 주변에 등장하는 단어로 미루어 뜻을 예측하는 방법도 이 과제의 해결에는 그리 효과적이지 않습니다.

이 외에도 명사(구)가 '무언가 하나의 것'을 말하는지 '몇 가지 것들'을 말하는지, '일반적으로 거기에 해당하는 것(예외 포함)'을 말하는지 '거기에 해당하는 것 전부(예외 없음)'를 말하는지 판단하기가 모호한 부분이 있습니다. 우리는 그러한 모호함을 암묵적으로 해소하고 상대방의 의도를 추측하면서 생활하고 있지요.

예컨대 "세탁물을 말려 줘."라는 말을 들으면 보통은 거기에 있는 세탁물을 전부 말리려고 할 겁니다. 한두 개만 말리고 남은 세탁물은 방치해 두는 행위는 (상대방을 골탕 먹이려는 게 아닌 이상) 하지 않겠지요.

반면 식사 시간에 "부엌에서 앞 접시를 가져다줘."라는 말을 들으면 필요한 수의 앞 접시만 가지고 올 겁니다. 부엌에 있는 앞 접시 전부를 가지고 가는 일은 (이것 역시 골탕 먹이려는 게 아닌 이상) 없겠지요. 이런 판단에는 상식이나 상황 파악이 필요하기 때문에 기계에게는 어려운 문제입니다.

3. 문장의 구조

게다가 한층 더 번거로운 것이 '문장의 모호성 해소'입니다. 위 에피소드에서는 개미 신의 실패 이야기로 소개했지요. 문장에도 다의성이 있으며 그 일부가 문장 구조 차이에 따라 설명된다는 사실은 6장에서 살펴본 바와 같습니다. 복수의 가능한 구조를 가진 문장을 맞닥뜨렸을 때 상대방이 의도한 바는 어떤 구조인지 고르는 것은 어려운 문제입니다.

그것을 가능케 하려면 구문 해석을 통해 어떤 문장에 대해 '가능한 다른 구조'가 몇 가지 있는지를 지정해야 하고, 동시에 '말이 안 되는 구조'를 도출하지 않는 일도 중요합니다. 구문 해석 수준은 매년 향상되고 있지만, 이런 수준에 도달하려면 정밀도가 한층 더 높아질 필요가 있습니다.

눈치? 상황? 맥락? :

대화 함축

화자의 의도를 판단하는 데 중요한 요소로 '대화 함축'을 적절하게 해석할 수 있느냐 없느냐 하는 문제가 있습니다. 대화 함축이란 문장으로부터 직접 추론되는 내용이 아니라 문장이 뱉어진 상황에서 추측되는 내용을 말합니다. 이른바 '말 바깥의 의미'의 일종이라고 생각하는 편이 좋을지도 모르겠습니다. 예를 들어 "케이크 먹고 싶다."라는 발언을 "케이크를 사다 줘."라는 명령으로 추측한다면 후자가 전자의 '대화 함축'입니다. "케이크 먹고 싶다."라는 문장은 글자 그대로 보면 '케이크를 먹는 일에 대한 본인의 욕구'를 서술할 뿐이지만, 우리는 종종 그것을 "케이크를 사다 줘."(혹은 "내가 케이크를 먹게 해 줘.")라는 명령으로 해석합니다.

이러한 대화 함축은 우리 일상에서 빈번히 사용됩니다. 이를테면 내가 창문에 손이 닿는 자리에 서 있는데 누군가가 나에게 "거기 창문 열 수 있나요?"라고 묻는다고 가정해 봅시다. 글자 그대로 해석하면 '상대방은 내가 창문을 열 수 있는지 없는지 묻고 있다'고 볼 수 있겠죠. 하지만 이 질문을 듣고 그저 "네. 저는 창문을 열 수 있습니다. 보면 알잖아요?"라고 대답하고 말 사람은 거의 없을 겁니다.

대부분의 사람은 (만약 상대방의 의사에 따라 행동할 마음이 있다면) 손을 뻗어 창문을 열어 주겠지요. "거기 창문 열 수 있나요?"

라는 문장을 글자 그대로의 '질문'이 아니라 "창문을 열어 주세요."라는 '명령' 또는 '의뢰'로 해석하기 때문입니다.

다른 예도 들어 볼까요? 학교에서 선생님이 채점한 시험 답안지를 돌려주기 전에 "이 반에는 만점을 받은 학생이 있어요."라고 말한다면, 그 말을 들은 대부분의 학생들은 암암리에 '우리 반 전원이 만점을 받지는 않았구나'라고 추측할 겁니다. 하지만 만약 전원이 만점을 받았다고 해도 "반에 만점을 받은 학생이 있다."라는 말과 모순되지는 않지요.

즉 "반에 만점을 받은 학생이 있다."라는 문장에서 "전원이 만점을 받지는 않았다."라는 문장이 추론되는 것은 아니라는 말입니다. 그러나 우리는 그렇게 추측하는 편이 자연스럽다고 생각합니다.

그라이스(H. P. Grice, 1975)[47]는 이러한 대화 함축이 생기는 이유를 다음과 같이 설명합니다. 우선 그는 우리가 서로에게 협력적으로 대화할 때, 원칙적으로 다음 네 가지 행동 양식을 따른다는 가설(협력의 원리(the co-operative principle))을 세웠습니다.

① 필요한 양의 정보를 상대방에게 주는 것(양의 격률, The maxim of quantity)

② 진실만을 말하는 것(질의 격률, The maxim of quality)

③ 지금 화제에 관련된 것을 말하는 것(관련성의 격률, The maxim of relevance)

④ 모호함이나 불명확함을 피해 명확하게 말하는 것(태도의 격률, The maxim of manner)

이 가설에 따르면, 상대방이 하는 말이 얼핏 이런 양식들에 위반되는 것처럼 보일지라도 만약 그가 협력적으로 대화하고 있다면 우리는 글자 그대로의 것이 아닌, 언외의 다른 뜻이 있는 게 틀림없다고 추측하는 경향이 있다고 볼 수 있습니다.

즉 "지금 이 상황에서 상대방이 왜 굳이 그런 말을 했을까"를 생각한 결과로 추측하게 되는 내용이 대화 함축이라는 것이죠.

그라이스의 가설에 따르면 위에서 이야기한 "창문을 열 수 있나요?"의 예와 "만점을 받은 학생이 있어요."의 예는 다음과 같이 설명됩니다.

- 내가 창문에 손이 닿는 곳에 있는 것이 일목요연한데 상대방이 일부러 "창문을 열 수 있나요?"라고 물어 오는 것은 나에게 "네" 또는 "아니요"로 대답하기를 바라기 때문이 아니라 창문을 열어 주기를 바라기 때문이다.
- 만약 우리 반 학생 전원이 만점을 받았다면 선생님은 "전원이 만점을 받았다."라고 말할 게 분명하다. 그러나 그렇게 말하지 않고 굳이 "만점을 받은 학생이 있다."라는 식으로 말한 것은 전원이 만점을 받지는 않았기 때문이다.

대화 함축은 5장부터 7장에 걸쳐 살펴본 '추론되는 내용'과는 다릅니다. 추론되는 내용은 '전제' 문장이 참이라면 반드시 참이 되지만 대화 함축은 그렇지 않습니다. 그 증거로 대화 함축은 번복이 가능하다는 점을 들 수 있지요.

이를테면 "거기 창문 열 수 있나요?"라고 말한 직후에 "아, 그냥 열리는지 안 열리는지 물어본 것뿐이에요. 열라고 부탁한 게 아니고요."라고 말할 수 있다는 얘기죠. 또 "이 반에는 만점을 받은 학생이 있어요. 그게 누구냐면…… 여러분 전부랍니다! 다들 정말 열심히 잘했어요."와 같이 말할 수도 있습니다.

이런 번복을 부자연스럽다고 느끼실 분도 계실지 모르지만, 추론 내용의 번복, 예컨대 "안토니우스와 클레오파트라는 자살했어요. 아, 근데 클레오파트라는 딱히 자살한 건 아니죠."와 같은 예가 주는 엄청난 위화감과는 비교할 수 없을 만큼 일반적인 내용 번복이라는 점은 이해하실 거라고 생각합니다.

또 같은 발언이라도 발언이 일어난 상황과 대화에 참여한 사람들의 관계 등에 따라 다른 대화 함축이 발생하는 경우가 있습니다. 만약 "케이크 먹고 싶다."라는 말이 친구와 거리를 걷고 있을 때 나온 것이라면 '이제부터 케이크를 먹자'라는 권유로 해석할 수 있습니다. 또 주변 사람이 다 알 정도로 단것이라면 질색하는 사람이 "케이크 먹고 싶다."라고 말하면 주변인들은 분명히 그가 '농담한다'고 해석하겠지요.

대화 함축은 이처럼 '생겨나거나 번복되거나' 혹은 '다른 의도를 나타내거나' 하기 때문에 아주 번거롭습니다. 대화 함축을 적절히 이해하려면 우선 문장에 포함된 단어의 뜻, 그리고 그 단어들이 조합되어 생기는 의미를 이해해야 합니다.

그뿐만 아니라 그 문장이 이야기된 상황이나 장면, 그 문장에 다다르기까지 있었던 대화의 흐름, 상대방과 본인의 관계 등 여러 가지 요소를 고려해야 할 필요가 있습니다. 상식이나 문화적 배경 등도 고려해야 하기에 이 전부를 기계에게 이해시키는 일은 지극히 어렵지요.

사람도 잘 알아차리지 못하는데 하물며… :
의도 전달의 어려움

위에서 살펴본 바와 같이 기계가 의도를 이해하는 데는 어려움이 따르는데, 인간 또한 늘 쉽게 이해한다고 장담할 수는 없습니다. 오히려 인간도 종종 의도를 이해하거나 전달하는 데 실패합니다. 특히 SNS나 이메일, 메신저 등 '문자로 하는 커뮤니케이션'이 당연해진 지금, 의도가 제대로 전달되지 않은 데 따른 문제들이 눈에 띄게 되었습니다.

문자로 하는 커뮤니케이션에서는 억양과 같은 음성적인 정보가 제공되지 않는 데다가 발언자의 표정도 보이지 않는 만큼 의미의 모호함이 해소되지 않은 채로 전달되는 일이 많습니다. 게

다가 상대방이 개인적으로 알지 못하는 사람이거나 대화해 본 적 없던 사람이라면 특정 발언에 이르기까지의 문맥을 충분히 공유할 수 없기 때문에 잘못된 의도가 전달될 위험성도 더 커집니다.

잠깐 구체적인 예를 들어 볼까요? 만약 트위터와 같은 SNS상에서 남에게 이런 말을 들으면 어떻게 느껴질까요?

"당신처럼 똑똑하지 않은 사람은 앞으로 어떻게 살아가면 좋을까요?"[48]

이런 말을 들으면 칭찬받았다는 생각이 들까요? 아니면 비난받았다는 생각이 들까요? 그것은 '당신처럼 똑똑하지 않은 사람'이라는 부분을 '당신과 달리 똑똑하지 않은 사람'으로 취할 것인지, '당신처럼 멍청한 사람'으로 취할 것인지에 따라 달라집니다. 이것은 '~처럼 ~않은'이라는 표현의 모호성에 기원합니다.

그래도 상대방을 잘 알고 있고 대화의 흐름이 명백한 경우라면 어느 쪽으로 해석해야 할지 헤맬 일은 거의 없습니다. 그러나 만약 이것이 개인적으로 알지 못하는 상대방에게서 받은, 문맥을 잘 이해할 수 없는 발언이라면 그저 당혹스러울 수밖에는 없겠지요. 위와 같은 예에서는 최악의 경우, 발언자는 칭찬할 의도였으나 상대방은 비난당했다고 생각하는 심한 오해가 발생할 위험성이 있습니다.

또 SNS에서 종종 목격되는 위험한 예 중에는 '이~', '이런' 등과 같이 '이' 계열의 지시어가 사용된 문장들이 있습니다. 예컨대 타인의 발언을 인용해서 다음과 같은 코멘트를 남기는 경우가 있지요.

농부 족제비☆오이 증식 중@jokjebifarmer ○월 ×일[49]
이런 녀석, 정말 민폐지~ ↓
—이탈리아를 사랑하는 족제비@muzzinjokjebs ○월 ×일—
어제 지하철을 타는데 줄을 제대로 안 선 족제비가 있어서 주의를 줬다. 그랬더니 다른 족제비가 "연장자한테 말본새가 그게 뭐야!"라고 호통을 치더라고. 그래서 싸움이 나는 바람에 지하철 출발 지연됨.

이때 주의할 점이 있습니다. 제삼자가 보면 농부 족제비가 말한 "이런 녀석"이 '인용된 발언을 한 사람'(위의 예에서는 '이탈리아를 사랑하는 족제비')인지, 아니면 '인용된 발언 중에 나온 등장인물'(지하철을 타면서 줄을 서지 않은 족제비, 또는 호통친 족제비)인지 정확히 알 수 없다는 점입니다.

위의 내용을 한눈에 쓱 읽은 사람은 아마 우선은 "이런 녀석"이 '이탈리아를 사랑하는 족제비'를 가리킨다는 해석에 한 표를 던질 겁니다. 어쩌면 '농부 족제비'는 '이탈리아를 사랑하는 족제비'의 말에 동의해서 코멘트를 덧붙였을지 모르지만, 반대 의도로 읽힐 우려가 있습니다.

발언하는 사람은 당연히 자신이 어떤 의도로 이야기하는지 알기 때문에 자기 말에 모호한 점이 있다거나 다른 의도로 해석될 가능성이 있다는 걸 깨닫기 어렵습니다. 발언하는 측과 받아들이는 측 쌍방이 모두 주의할 필요가 있으나, 아무리 주의해도 의도가 제대로 전달되지 않는 일도 있으니 어려울 따름이지요.

이렇게 인간에게조차 어려운 의도 전달의 문제에 맞닥뜨린 동물들은 이제 어떻게 하면 좋을까요? 그리고 족제비들에게는 어떠한 운명이 기다리고 있을까요? 드디어 마지막 장입니다.

9장
그 후의 족제비들
말을 알아듣는 로봇, 일단 여기까지

오늘도 족제비 마을에서는 족제비들의 한숨 소리가 들려옵니다.

"대체 왜 맨날 이렇게 일만 해야 한담……."

수개월 전, 단체 여행에서 돌아온 족제비들은 이웃 마을에서 반품한 산더미 같은 로봇들과 폭풍처럼 쏟아지는 불평불만들을 맞닥뜨려야 했어요. 로봇을 샀던 마을들이 모두 "전혀 기대만큼 움직이지 않으니 환불해 내라."라고 재촉하는 편지를 끊임없이 보내왔지요.

그중에는 환불은 물론, 로봇에게 당한 피해까지 보상하라는 요구도 있었어요. 하지만 난처하게도 족제비들의 수중에는 돈이 없었답니다. 여행에서 큰돈을 탕진한 나머지 마을 자산이 0족제비 달러를 넘어 마이너스가 되어 버렸기 때문이에요.

난감해하는 족제비들에게 물고기 마을, 두더지 마을, 카멜레온 마을, 개미 마을, 올빼미 마을에서는 한 가지 제안을 했어요. 바로 족제비들이 로봇 개량을 위해 일한다면 돈을 빌려주겠다는 것이었죠.

빚더미에 깔려 옴짝달싹 못 하게 된 족제비들은 제안을 받아들일 수밖에 없었어요. 그렇게 그날부터 곧장 작업이 시작되었답니다. 족제비들은 몇 개의 모둠으로 나뉘어 모둠별로 각기 다른 작업을 시작했어요.

1모둠의 족제비들은 대량의 문헌과 담비들이 만든 사전인 '담비 넷'을 전달받았어요. 그리고 문헌 속에 나오는 모든 단어가 담비 넷에서 어느 항목에 해당하는지, 어떤 뜻으로 쓰이는지를 태그로 작성하라는 지시를 받았답니다. 책임지고 "하루에 문헌 100장을 납품하라."라는 엄격한 업무 기준도 준수해야 했죠.

족제비들은 하루의 업무량을 달성하기 위해서 필사적으로 일했지만, 일은 아주 고되었어요. 담비들은 사전에 각각의 단어를 대단히 세세한 뜻까지 분류해 두었지요. 그런데 족제비들은 종종 어떤 말뜻을 선택해야 하는지 고민했고, 때로는 서로 의견이 맞지 않아 싸움이 일어나기도 했답니다.

"그러니까 '관계자 외 사람이 들어오지 않도록 경계선을 그었다.'에서 쓰인 '긋다'는 '④ 일의 경계나 한계 따위를 분명하게 짓다'가 아니라 '① 어떤 일정한 부분을 강조하거나 나타내기 위하여 금이나 줄을 그리다'라는 의미야! 즉 '밑줄을 긋다' 할 때의 '긋다'라니까!"

"뭐?! 그게 대체 무슨 헛소리야? 난 그런 식으로 말하는 건 들어본 적도 없어! 게다가 경계선은 경계를 짓는 거잖아?!"

"그러니까 그때 쓰는 경계선은 마음의 선을 긋는 거 아냐? 여기에서 말하는 경계선은 땅 위에 그린 선이라니까?"

"무슨 소리야? 그렇지 않아! 마음의 선을 긋는 게 맞는다고!"

때로는 문헌에 실린 단어의 뜻을 사전에서 찾을 수 없는 경우도 있었죠. 그럴 때 족제비들은 담비들에게 연락해서 추가된 말뜻을 받아야 했어요.

그런데 담비들은 새로운 말뜻을 찾아내면, 지금까지 썼던 말뜻의 분류가 잘못된 것이었는지도 모른다는 생각에 그전까지 쓰던 분류를 통째로 바꾸는 경우도 있었어요. 그러면 해당 단어에 대한 족제비들의 작업도 처음부터 다시 이루어져야 했지요. 족제비들은 화가 났지만 울버린처럼 힘센 동물들이 담비 마을을 지키고 있어서 불평하러 찾아갈 수도 없었답니다.

2모둠 족제비들도 대량의 문헌을 전달받았어요. 2모둠이 할 일은 우선 문헌 속에 나오는 모든 명사가 '어떤 특정한 개체를 가리키는 것인지 아닌지'를 판단하는 일이었어요. 그런 다음 해당

명사가 특정한 개체를 가리킬 경우에는 무엇을 가리키는지를 입력하고, 특정한 개체를 가리키지 않는 경우에는 그 단어가 무슨 뜻인지를 입력하는 일이었죠.

하지만 족제비들은 작업을 시작하기도 전에 '작업 내용을 이해하는' 단계에서부터 막혀 버렸답니다. 특히 '특정한 개체를 가리키지 않는 경우'라는 말에 담긴 여러 가지 뜻을 구별하는 일이 어려웠어요. 너구리 의장이 특별히 마음을 써서 '알기 쉬운 매뉴얼'까지 만들어 주었지만, 그럼에도 족제비들은 쉽게 이해하지 못했어요.

"있잖아, 이 '특정한 개체를 가리키는 건 아니지만 하나의 물건을 나타낸다.'라는 게 무슨 뜻이지?"

"나한테 물어보지 마! 나라고 알 턱이 있겠어?"

"있잖아, 사람이나 장소의 이름은 대부분 특정 개체를 가리킨다고 보면 되는 거였잖아? 그런데 이 문장처럼 '족제비 마을이 다섯 개는 들어갈 넓이'라고 말할 때의 '족제비 마을'은 정말 이 족제비 마을을 가리키는 걸까?"

"당연히 여길 가리키는 거 아니야? 무슨 뻔한 소리야?"

"그렇지만 족제비 마을은 하나밖에 없는데?"

"으음……."

족제비들은 골똘히 생각에 잠깁니다. 오늘도 작업은 시작할 수 없을 것 같군요.

3모둠 족제비들도 대량의 문헌을 전달받아 문헌 안에 나오는 주요 구절의 '의미가 미치는 영향 범위'를 특정한 다음 태그로 입력하라는 지시를 받았어요.

이 작업 역시 시작하기 전 단계 학습이 아주 힘들었어요. 처음부터 '이 구절의 영향 범위가 어떠하면 문장 전체의 의미가 어떻게 되는지'를 전부 상상해서 판단해야만 했거든요. 너구리 의장은 족제비들이 학습을 전혀 따라가지 못할 것을 걱정해서 연습 예제를 만들어 주었어요. 하지만 족제비들에게는 그조차도 어려웠답니다.

"문제 1. '개미 철수는 또 프랑스에 가고 싶어 한다.'라는 문장에서 '또'의 영향 범위가 '프랑스에 가고 싶어 한다'까지인 경우와 '프랑스에 가다'에 한정되는 경우, 의미가 어떻게 달라지는지를 생각해 보라는데?"

"뭐어? 그런 걸 우리가 어떻게 알아?!"

결국 족제비들은 연습 예제를 방치한 채로 대강대강 작업을 시작했어요. 하지만 얼마 지나지 않아 그 사실이 다른 동물들에게 알려져, 족제비들은 호되게 혼이 났지요.

4모둠 족제비들은 대량의 대화 사례가 실린 문헌을 전달받았어요. 그리고 대화의 의도를 태그로 입력하라는 지시를 받았습니다. 다른 마을 동물들이 만든 매뉴얼에는 몇 가지 예가 실려 있었지만, 족제비들은 그 예를 보고도 무엇을 어떻게 해야 좋을지 알지 못했어요. 결국 멋대로 '이런 얘기겠거니' 하고 상상하며 작업을 시작했지요.

"있잖아, 여기서 물고기 지연이가 연인에게 한 '나를 잊고 다른 물고기와 행복해요.'라는 말은 '나를 잊지 말라'는 말이지?"

"어? 문자 그대로 잊어 달라는 말 아니야?"

"아니지, 아니야. 입으로는 그렇게 말해도 연인이 나를 잊지 않기를 기대하는 말이야. 틀림없어. 그런 게 바로 여자의 마음이거든."

"아냐! 나도 과거를 털고 새로운 인생을 걸고 싶으니까 연인도 나를 잊어 줘야 한다고 말하는 거야!"

이런 대화가 이어질 뿐, 작업은 지지부진하네요.

5모둠 족제비들은 어떻게든 많은 상식을 모으라는 지시를 받았어요. 왜 그런 일을 시키는 걸까요? 왜냐하면 모호한 말 속에서 화자의 의도를 추측해 내기 위해서는 상식이 필요한 경우가 많기 때문이에요.

하지만 닥치는 대로 많은 상식을 모으는 일은 아주 뼈가 빠지는 일이었어요. 족제비들은 앞뒤 가리지 않고 자신들이 아는 상식을 모조리 적기 시작했는데, 아무리 적어도 끝나지 않았어요.

게다가 그렇게 기록한 내용을 다른 마을 동물들에게 보여 주어도 동물들은 "이런 건 상식이 아니야!"라며 대부분 통과시켜 주지 않았죠. 아무래도 마을마다 상식의 기준이 다른 모양이에요.

왜냐하면 족제비 입장에서 보면 몸은 털이 빽빽이 자라 있는 것이 당연하지만, 물고기나 카멜레온이나 개미에겐 그렇지 않으니까요. 족제비들은 자력으로 하늘을 날 수 없지만 올빼미들은 그렇지 않아요.

그런 부분들을 고려한다면 아무래도 마을마다 다른 '상식 세트'를 만들어야만 할 것 같아요. "많은 동물이 암컷과 수컷으로 나뉘지만, 달팽이는 꼭 그렇지도 않다."라는 말을 들었을 때, 족제비들은 앞으로 해야 할 '상식 수정 작업'이 떠올라 정신이 아찔해졌답니다.

오늘 밤에도 완전히 지친 족제비들은 비틀거리며 족제비 마을 회관으로 모이기 시작합니다. 족제비들은 주전자에 끓인 뜨끈한 차 한 잔에, 배식받은 주먹밥을 깨지락깨지락 먹으며 중얼거리는군요.

"있지, 우린 왜 이런 작업을 지시받는 처지가 된 걸까?"

"그야 뭐든 다 알고 뭐든 다 할 줄 아는 로봇을 제대로 일하게 하기 위해서 아니야?"

"근데 그 로봇을 위해서 우리가 이렇게

일해야 한다니 이상하지 않아? 로봇은 우리를 위해서 일하고, 우리를 편하게 해 주기 위해 있는 거잖아? 그런데 우리가 로봇을 위해서 일하면 어떡해?!"

"음, 그렇긴 하네."

그때 한 족제비가 벌떡 일어나 이렇게 말했어요.

"맞아! 이런 거야말로 로봇에게 시키면 되는 일이야!"

"응? 무슨 말이야?"

"그러니깐, 로봇을 똑똑하게 만들기 위한 작업을 로봇에게 시키면 된다고!"

"으음~. 그야 뭐 가능하다면 그보다 더 좋은 일은 없겠지만, 그런 로봇이 어디에 있는데?"

"어딘가엔 있을 거야, 틀림없이. 우리 모두 지난번에 이탈리아에 가서 똑똑히 알게 됐잖아. 세계는 엄청 넓다는 걸!"

그 말에 지난번 여행을 떠올린 족제비들은 황홀해졌어요. 제법 오랫동안 마을에 틀어박혀 외출도 쉽게 하지 못했던 터라 몸이 근질근질해졌죠.

그 무렵, 다른 마을 동물들은 안경원숭이의 도움을 받아 족제비들이 만들어 온 데이터를 로봇에게 입력하는 작업에 한창이었어요. 그런데 족제비들에게는 안 된 일이지만, 열심히 만들어 온 태그를 붙인 문헌과 상식 세트 등이 로봇을 개량하는 데 그리 도움이 되지 않고 있군요.

물고기들 "로봇이 좀처럼 똑똑해지질 않네요."

개미들 "여기까지가 한계인 걸까요?"

두더지들 "하지만 데이터를 계속 늘리다 보면 점차 개선될지도 몰라요."

올빼미들 "그야 그런데, 지금보다 개선되지 않을 가능성도 있잖아요. 이제까지 꽤 많은 돈과 시간을 들였는데, 이제는 앞으로 어떻게 할지를 결정하는 편이 좋지 않겠습니까?"

카멜레온들 "저기 말이죠, 솔직히 말해서 우린 우리가 원래 개발했던 '수다 로봇' 개발로 돌아가고 싶어요. 지금처럼 어떤 말이나 다 이해 가능한 노선을 타기보다는 전처럼 용도를 한정한 로봇을 만들고 싶다고요. 그편이 더 빨리, 더 싸게 만들 수 있으니까요."

개미들 "우리도 딱 필요한 기능에만 집중해서 다시 개미 신을 개발하고 싶습니다. 그러니까 이 프로젝트에서는 잠깐 좀 빠졌으면 좋겠어요."

두더지들 "으~음. 두 마을이나 빠지면 자금 면에서 프로젝트를 계속하는 건 어려울 것 같군요. 그럼 이 건은 잠시 중단하는 게 어떨까요?"

그때 너구리 의장이 끼어들어 말하네요.

너구리 "그러면 어제 막 족제비들에게 몇 개월분의 자금을 건네주지 않았습니까? 그 돈은 어떻게 할까요?"

동물들은 족제비들에게 주었던 자금을 회수하기로 최종 결정하고, 다음 날 아침 다 함께 족제비 마을로 향했지요. 하지만 마을은 휑하니 텅 비어 있었어요.

동물들 "없어! 녀석들이 아무 데도 없어!"

족제비들은 이미 여행을 떠난 뒤였어요. 물론 목적은 '이 세상 어딘가에는 있을, 로봇을 개량하기 위해 필요한 데이터를 만들어 줄 로봇'을 찾는 여행이었죠.

다른 마을 동물들은 족제비들이 도망쳤다고 생각했지만, 그렇지는 않았어요. 족제비들은 비교적 진심을 다해 로봇을 찾아 나선 것이었답니다. 그리고 몇 주가 지난 뒤, 드디어 로봇을 들고 돌아왔습니다.

마을로 돌아온 족제비들은 하나같이 홀쭉하고 지저분하고 털이 덥수룩해져 있었어요. 하지만 족제비들은 모두 엄청난 흥분 상태였어요. 족제비들은 자신들을 손꼽아 기다리고 있던 다른 마을 동물들의 앞에 서서 눈을 반짝이며 입을 열었지요.

족제비들 "여러분, 드디어 찾아냈어요! 우리가 하던 일을 대신해 줄 로봇 말이에요! 전 세계를 돌고 돌아 드디어 발견했답니다!"

족제비들의 말에 따르면 이 로봇은 인도의 오지, 성스러운 갠지스강 상류에 사는 한 늙은 수달에게서 받아 온 물건이라고 해요. 늙은 수달은 인도에 사는 동물이 아니면 손에 넣을 수 없는 고도의 프로그래밍 기술과 오랜 세월의 명상에서 얻은 영감을 두 축으로 삼아 독자적으로 말을 이해하는 기계를 연구해 왔다고 하는군요. 또 그 기계를 만드는 데 필요한 데이터를 자동으로 작성하는 로봇을 이미 개발해 두었다고 합니다.

동물들은 족제비들의 이야기를 듣고 어딘가 수상쩍다고 생각했지만, 로봇을 살펴본 후에 거짓말이 아니란 걸 알 수 있었어요.

우선 그 로봇에는 '올빼미 눈'과 비슷한 기술을 이용해 이미지나 영상을 인식한 뒤 그 정보로부터 상식을 얻는 기능이 있었어요. 예를 들면 이미지나 영상에 함께 비친 물체나 사건의 정보를 활용해 '스키는 눈 쌓인 산에서 타는 것'이라거나 '기차는 역에서는 것'과 같은 지식을 얻을 수 있는 모양이었어요.

또 그 로봇은 언어적인 단서를 사용해 대량의 문헌에서도 자동으로 상식을 추출할 줄 아는 듯했어요. 예를 들어 '~(이)니까'와 같은 표현에서 단서를 찾아내 "술을 마셨으니까 취했지.", "비가 내렸으니까 땅이 젖었지." 같은 문장을 보고 '술을 마시다 → 취하다', '비가 내리다 → 땅이 젖다'와 같은 인과관계에 관한 상식을 추출해 내는 것이죠. 족제비들의 말에 따르면 이 방법을 통해 자동으로, 게다가 대량으로 상식을 추출해 낼 수 있다고 하네요.

족제비들 "엄청나지 않아요? 수달 할아버지한테 부탁해서 로봇이 상식을 골라내는 것 말고도 우리가 만들던 다른 데이터들도 자동으로 작성할 수 있게 만들어 왔어요. 어때요? 여러분이 바라던 게 이런 거였죠?"

동물들은 기대로 가슴이 부풀었어요. 그리고 곧바로 '말을 이해하는 로봇' 개발을 재개하기로 했답니다.

족제비들은 드디어 그 고된 작업에서 벗어나 진짜 자유의 몸이 될 수 있게 되었다며 환호했어요. 심지어 말을 이해하는 로봇이 완성되면 정말 아무것도 하지 않아도 되는 안락한 생활이 펼쳐질 게 분명할 거라고 믿었죠. 족제비들의 미래는 밝은 빛으로 빛나고 있었어요.

그렇다면 그 후, 족제비들의 생활은 정말로 편해졌을까요?

아쉽게도 원하는 대로 일이 풀리지는 않았어요. 다음 날부터 곧바로 다시 작업을 시작해야 할 신세가 되었죠.

인도에서 가지고 온 로봇이 기대했던 만큼의 성과를 내지 못한 게 원인이었어요. 로봇은 자동으로 지식을 꺼내거나 데이터를 작성할 줄은 알았지만, 결과물의 질이 그리 좋지 않았답니다.

예를 들어 이미지나 영상에서 상식을 추출해 내기 위해서는 '스키와 눈 덮인 산', '레스토랑과 식사'처럼 어떤 관계성이 있어서 같은 화면에 담긴 것을 단서로 사용해야 합니다. 하지만 이미지 중에는 특별한 관계가 없이 어쩌다가 함께 담긴 것도 많기 때문에 그런 부분을 잘 구별해야 하죠.

동물들은 '함께 담기는 빈도' 등의 정보를 이용해서 적절한 예상 답안을 찾습니다. 하지만 아무리 노력해도 이상한 상식이 뒤섞이고 마네요. 또 "법을 지키지 않으면 벌을 받는다."와 같은 추상적인 상식이나 "자동차는 갑자기 멈출 수 없다."와 같이 부정형이 들어간 상식은 그리 수월하게 추출해 낼 수 없다는 걸 알게 되었어요.

또 '~(이)니까'와 같은 말을 단서로 삼아 상식을 골라내는 기능은 대량의 '상식 후보'를 골라내는 데 도움이 되었지만, 그중에는 쓸 수 없는 것도 많이 포함되어 있었어요.

특히 "암컷이니까 수컷의 선택을 받으려면 아름다워져야 한다."라는 상식 후보는 많은 암컷들을 화나게 만들었지요. 게다가 "한평생 중 땅 밖으로 나올 수 있는 시간은 일주일뿐이니까 그동안에는 활발히 활동한다."라는 상식 후보를 읽고서는 주변 문맥을 알 수 없어서 다들 "대체 주어가 뭐야?"라며 머리를 싸맸답니다(결국엔 매미에 관한 상식이라는 걸 알아냈어요).

그 밖에도 데이터를 만드는 기능 역시 고만고만했어요. 대량의 데이터는 만들어졌지만 휴지통으로 보내야 할 것들도 많이

섞여 있었죠. 로봇의 판단만 믿고서는 바로 사용할 수 없는 상태의 데이터들 천지였어요.

결국 동물들은 현재 떠올릴 수 있는 범위의 방법으로는 로봇을 사용해서 '대량의' 그리고 '믿을 만한' 데이터를 손에 넣기가 아주 어렵다는 걸 깨달았답니다. 아무리 궁리해 봐도 어딘가에서 꼭 정보의 오류나 부족함이 발생해서, 결국에는 직접 눈으로 체크하고 수정하거나 추가한 후에 마무리해야만 했기 때문이에요. 그리고 그 작업은 당연하게 족제비 마을 주민들에게로 돌아갔답니다.

이렇게 족제비들은 로봇이 만든 데이터를 수정하는 처지가 되었어요. 게다가 거기에 드는 시간과 수고는 직접 데이터를 만들던 때와 그리 다를 바 없는 것처럼 느껴졌어요.

고된 작업을 마친 족제비들은 오늘도 석양과 함께 하나둘 족제비 마을 회관으로 모여들었습니다.

"아~아. 이번엔 꼭 편해질 수 있을 줄 알았는데……."

"그러게. 이러니저러니 해도 우리는 또 로봇을 위해 일하고 있는 셈이네. 왠지 허무해."

"근데 말이야, 지금 우리 일을 대신해 줄 로봇이 어딘가에 있을 수도 있지 않을까?"

……

다음 날, 족제비들의 작업 상황을 보러 온 동물들은 또다시 아무도 없는 족제비 마을을 보게 되었어요. 족제비들은 '말을 이해하는 로봇을 만들기 위해 필요한 데이터를 자동으로 만드는 로봇이 만들어 낸 데이터의 오류와 부족함을 수정할 줄 아는 로봇'을 찾아 여행을 떠난 후였어요.

과연 족제비들은 그런 로봇을 찾아낼 수 있을까요? 그리고 혹여 운 좋게 찾아낸다면 그때는 과연 족제비들의 생활이 편안해질까요? 앞으로 펼쳐질 족제비들의 운명은 여러분의 상상에 맡기겠습니다.

말을 알아듣게 하기 위한
일곱 단계

족제비 마을 족제비들의 이야기는 이것으로 끝이 났습니다. 아쉽게도 그리 밝은 결말을 볼 수는 없었습니다. 그렇다면 현실 세계를 사는 우리의 미래는 밝은 방향으로 나아가고 있을까요?

  이 책에서는 지금까지 '언어를 이해하기 위해 필요한 조건'으로 아래와 같은 요소들을 들어 보았습니다.

  ① 음성과 문자의 열을 단어 열로 변환할 수 있는 능력

  ② 문장 내용의 참-거짓을 따질 수 있는 능력

  ③ 말과 바깥 세계를 연결 지을 줄 아는 능력

  ④ 문장과 문장 간 의미 차이를 이해하는 능력

  ⑤ 말을 사용한 추론이 가능한 능력

  ⑥ 단어 뜻에 대한 지식을 가지는 능력

⑦ 상대방의 의도를 추측할 줄 아는 능력

　위의 일곱 가지 조건은 각각 독립적인 요인이 아니라 서로 간에 복잡한 영향을 끼치는 요인들입니다. 예를 들어 ②에서 말하는 '문장 내용의 참-거짓'을 예상할 수 있으려면 ③의 '바깥 세계와의 연관 짓기'와 ⑤의 '말을 사용한 추론'이 가능할 필요가 있다고 앞서 설명했지요. 또한 ⑤의 '추론'은 ④의 '문장과 문장 간의 의미 차이 인식'을 위해서도 필요했습니다. 게다가 ⑤의 '추론'에는 ⑥의 '단어 뜻에 대한 지식'이 크게 연관되며, ⑦의 '상대의 의도 추측'에는 ①부터 ⑤까지의 능력 외에도 상식을 활용하거나 상황을 파악하는 등의 능력이 연관됩니다.

　우리는 지금까지 책의 전체 내용을 통해 '대량의 데이터를 활용한 기계 학습'을 사용해 위에서 살펴본 일곱 가지 요소를 기계에 넣으려면, 어떠한 과제가 있는지를 함께 생각해 보았습니다. 전체에 공통되는 과제는 다음과 같이 정리할 수 있습니다.

A. 기계를 위한 '예제'나 '지식 데이터베이스'가 될, 신뢰할 만한 대량의 데이터를 어떻게 모을 것인가?
B. 기계에게 이 '정답'이 옳으며, 또한 포괄적이란 것을 어떻게 보증할 것인가?
C. 눈에 보이는 형태로 나타내기 어려운 정보는 어떻게 기계에 제공할 것인가?

지적인 기계 개발을 위한 기계 학습이 불가결해진 현재에는 특히 A를 해결할 획기적인 방법을 찾는 일이 급선무입니다. 현재 A에 대해서는 필요한 데이터를 (1) 완전히 인간이 작성한다, (2) 반은 인간이, 반은 자동으로 작성한다, (3) 완전히 자동으로 작성한다, 이렇게 세 가지 방법 모두가 시도되고 있습니다. 앞서 에피소드에서 본 대로 자동으로 작성된 데이터에는 많은 오류와 부족한 부분이 발생합니다.

인간이 직접 개입한 데이터는 완전히 자동으로 수집된 데이터보다 신뢰성이 높지만 가격과 내용을 망라하는 정도에서는 기계보다 효용이 낮습니다. 게다가 인간이 만든다고 꼭 오류가 적은 것도 아니기 때문에 질 좋은 데이터를 효율적으로 작성하는 방법을 개발하고, 그 효과를 실험해 실증하는 연구가 계속해서 이루어져야 할 것입니다.

이 부분을 소홀히 한다면 아무리 대량의 데이터를 확보하더라도 기계가 '문제의 본질과 상관없는, 작업자나 데이터 수집 프로그램의 성향'을 학습하는 허무한 결과로 이어질지도 모릅니다.

B는 기계에 제공하는 데이터를 설계하는 측에게 주어진 과제입니다. 기계 학습의 강점은 '사용하는 데이터 풀에 이상한 것이 약간 섞이더라도 결과에 크게 영향을 미치지 않는다'는 점이나, 그럼에도 데이터 설계 단계에서 오류를 범하면 원하는 기계를 만들 수 없습니다.

데이터를 올바로 작성하기 위해서는 설계자가 과제를 충분히 분석할 필요가 있습니다. 특히 중요한 것이 '잘 모르는 경우'가 나타나면 어떻게 대처할 것인가 하는 문제입니다.

예를 들어 위 에피소드에서 살펴본 '말뜻의 분류'처럼 기계에게 무언가를 분류하게 할 때, 말뜻을 분류할 카테고리 기준을 분명히 정해주지 않으면 제대로 분류하기 어려운 경우가 늘어나기 때문에 혼란이 생깁니다. 일단 데이터 작성을 시작하면 도중에 데이터 설계를 변경하기가 어려우므로 기본 설계가 믿을 만한지를 사전에 반드시 염두에 둘 필요가 있습니다.

또 기계의 응용 범위가 넓으면 넓을수록 '예제의 포괄성' 문제가 커집니다. 즉 기계가 맞부딪칠 가능성이 있는 케이스를 예제로 충분히 학습해 두도록 만들기가 어려워진다는 말입니다. 데이터의 양을 늘리면 어느 정도 해결되겠지만, 그럼에도 '학습량은 많았는데 알고 보니 좁은 범위에서 반복되는 내용들만 공부한 꼴'과 같은 사태를 막을 수 있다는 보장이 없습니다.

C는 우리가 말에 관련된 판단을 할 때 보이지 않는 정보를 보이지 않는 형태로 사용하는 것과 관계가 있습니다. 이 책에서도 종종 지적해 온 바와 같이, 우리는 타인의 말을 들으면 짧은 시간 동안 일반 상식과 개인적인 기억, 현재 상황, 그 전까지의 대화 혹은 사건의 흐름, 자리의 분위기, 함께 있는 사람들 간의 관계, 문화와 관습 등 다양한 정보를 활용한 후에 반응을 보입니다.

그중 많은 것이 눈에 보이는 형태로 내보일 수 없는 정보들이지요. 상식이나 기억의 일부는 문장이나 이미지 등으로 표현할 수 있을 것 같지만, 실제로 '한 특정 상황에서 사람이 어떤 상식 (기억)을 어떻게 사용하는지'는 외부에서 볼 수가 없습니다. 기계는 판단의 근거를 데이터나 규칙의 형태로 가져야만 하므로 이 문제를 극복하기 위해서는 엄청난 노력이 뒤따라야만 할 겁니다.

이러한 이유로 현재 주류인 '대량의 데이터를 활용한 기계 학습' 방식의 연장선상에서 '말을 이해하는 기계'를 실현해 내는 일은 극히 어렵다고 여겨집니다. 어쩌면 지금 방식으로는 '어떠한 말이라도 이해하고 어떠한 상황에서나, 어떠한 용도로나 대응 가능한 기계'를 만드는 일은 현실적이지 않은지도 모릅니다.

그보다는 비교적 데이터 수집이 쉬운 과제를 해내는 기계나 용도와 목적이 적절히 제한된 기계를 만드는 편이 더 나을 수 있습니다. 그편이 현재 기술의 이점을 살리는 방법이자 인간에게 도움이 되는 기계를 한층 더 빨리 만들어 낼 수 있는 방법일 겁니다. 게다가 위에서 나열한 A~C의 문제에 대처하기도 더 쉬워지지요.

그 너머에 인간이 있다

여러분은 이 결론에 실망하셨을까요, 아니면 안도하셨을까요? 어느 쪽이든 기계가 높은 기억 용량과 대단히 우수한 학습 방식을 확보했음에도 불구하고 인간의 언어 능력을 좀처럼 획득하지 못하는 현실이 이상하게 느껴지시는 분이 적지 않을 거라 생각합니다. 한 걸음 더 나아가 "그렇다면 왜 사람은 이리도 쉽게 말을 사용할 줄 아나? 사람은 기계와 어떻게 다른가?"를 저자에게 따져 묻고 싶으신 분도 계실 겁니다.

사실 대단히 어려운 문제인데요, 명확한 답을 내리기엔 저자의 능력과 지식 범위 밖의 문제이기도 합니다. 다만 '인간과 언어'를 생각하는 데 있어 중요한 세 가지를 지적해 보고자 합니다.

첫째 '인간이 언어를 습득할 때 실마리가 되는 것은 태어난 뒤에 접하는 말에 한정되지 않는다'는 점입니다. 1장 해설에서도 언급한 것처럼 우리는 기계와 달리 어릴 때 대량의 언어 데이터를 제공받지도, 그 데이터를 바탕으로 통계를 내서 정답을 도출하는 방식을 배우지도 않습니다. 어린아이에게 주어지는 언어 데이터의 양은 비교적 적으며, 또 사람마다 확보한 데이터의 양과 질에 차이가 있습니다.

그럼에도 어린아이들은 빠르게, 또한 거의 개인차가 없이 언어를 습득할 수 있다고 알려져 있습니다. 자세한 내용은 모국어 습득에 관한 연구 결과를 살펴보시면 알 수 있는데, 실험을 통해 듣고 이해하는 능력을 습득하는 데 머물지 않고 어휘나 문법, 말뜻을 이해할 때도 마찬가지라는 사실이 밝혀졌습니다.

그리고 그 결과들로 미루어 인간의 언어 습득 과정에는 '타고난 능력'이 관여한다고 여겨집니다. 어떤 의미에서 인간은 말 그 자체를 접하기 전부터 말을 학습하는 법을 알고 있다고 보는 것이지요. 진화 과정에서부터 익혀 온 본능적인 능력의 일부라고 보아도 무방할 겁니다.

둘째로 우리 인간이 '언어에 대한 고차원적인 인식을 가진다'는 점을 들 수 있습니다.

헬렌 켈러는 한때 한쪽 손에는 흐르는 물을, 다른 한쪽 손에는 설리번 선생님이 손가락으로 쓴 '물'이라는 글자를 느끼면서 순식간에 '물'이라는 단어가 물을 나타낸다는 것을 깨달았다고 전해집니다.[50] 이처럼 인간은 특정 단계에서 '말은 무언가를 나타낸다'라는 사실을 인식합니다.

이러한 인식을 갖는 일은, 이미지를 입력하면 거기에 대응하는 구절이나 문장을 출력하는 일이나 구절이나 문장을 입력하면 이미지를 출력하는 일과는 다릅니다. 예컨대 기계가 이런 일을 완벽하게 수행해 낼 수 있게 되더라도 "'물'이라는 단어와 실재하는 물의 관계는 '고양이'라는 단어와 실재하는 고양이의 관계와 같다."라는 사실을 이해하거나 "고양이 이미지에 고양이와 함께 찍힌 다른 것들에도 무언가 이름이 있을지도 몰라."라는 추측을 할 수 있을 거라고 단언할 수 없기 때문입니다.

말에 대한 고차원적인 인식은 우리가 말과 세상에 대한 지식을 쌓아 가는 과정에서 중요한 열쇠 역할을 합니다. 이 인식이 있기 때문에 비로소 우리는 '말의 뜻을 말로 나타낼 수 있다'는 것을 알 수 있고, 그 결과로서 추상적인 말을 이해하고 오감으로 느낄 수 있는 것 이상의 인식과 생각을 해낼 수 있게 되지요.[51]

셋째는 인간이 '타인의 지식이나 생각 혹은 감정 상태를 추측하는 능력을 가진다'는 점입니다.

즉 타인도 나와 마찬가지로 마음을 갖고 있다는 사실을 인식하고, 자기 입장에서만이 아니라 타인의 입장에서 생각하는 것도 가능하다는 이야기입니다. 이 점은 말할 것도 없이 우리가 기계에게는 어려운 '의도를 이해하는 일'을 어느 정도 해낼 수 있는 가장 큰 이유입니다. 실제로 이 능력의 발달과 언어 능력의 발달 사이에 강한 상관관계가 있다는 사실을 시사해 주는 조사 결과도 찾아볼 수 있습니다.[52]

또한 인간은 만 4세 무렵부터 커뮤니케이션에 이런 능력을 활용하기 시작해서 상대방의 질문을 곧이곧대로 받아들이지 않고 상대방이 정말 듣고 싶어 하는 대답을 예측한다고 합니다. 무언가 이야기를 시작하기 전에 나와 상대방이 배경지식을 얼마나 공유하는지를 확인할 수도 있게 된다고 하지요.[53]

위에서 제시한 세 가지 특징은 우리의 언어 능력 발달에 큰 영향을 끼치는 요인인 동시에 현재 기계에서는 아직 완전히 재현할 수 없는 요소들입니다. 필자는 이 요소들이 우리 인간의 안에서 어떻게 실현되고 있는지를 수리적(數理的)으로 밝혀내지 못하는 이상 진정으로 말을 이해할 줄 아는 기계를 만드는 일은 불가능하지 않을까 생각합니다. 그리고 설령 이 부분이 해결된다고 하더라도 거기서 끝이 아니라, 그때가 되어야 비로소 보이기 시작하는 과제가 또 생기게 될 거라고 예상합니다. 저의 짐작이

맞을지 틀릴지는 모르지만, 어쨌든 '말을 이해하는 기계'를 만드는 과정에서는 '과제 달성 후 다음 과제 발견'이 반복될 겁니다. "삶을 편하게 해 주는 건 어쨌거나 빨리 만들었으면!" 하는 마음을 가진다면 이런 과정이 '끝없이 같은 자리에서만 맴도는 족제비 놀이(いたちごっこ:두 사람이 마주 앉아 차례대로 서로의 손등을 꼬집는 일본의 놀이. 끝없이 반복할 수 있는 놀이여서 종종 진전이 없는 일에 비유된다- 옮긴이)'처럼 보일지도 모르지만, "아주 조금씩이어도 좋으니 차근차근 정확하게 이해하며 나아가고 싶다."라는 마음을 가진다면 이런 지난한 과정 또한 '높은 산 너머에서 만날 수 있는 새로운 풍경'처럼 보이지 않을까요?

그렇지만 장차 어떠한 계기로 말미암아 새로운 돌파구가 생겨날지도 모를 일입니다. 여러분 중에도 "말을 이해하는 기계쯤이야 나라면 눈 깜짝할 사이에 만들 수 있는데."라고 생각하신 분이 계실 겁니다. 그런 분들에게서 아주 획기적인 아이디어가 나오면 재미있겠다는 생각도 합니다. 그러면 족제비들은 틀림없이 뭐든 다 알고 뭐든 다 할 줄 아는 로봇과 안락한 생활을 목표로 또다시 꼼지락꼼지락 움직이기 시작하겠지요.

저자 후기

말에 대한 연구를 시작한 지 20년이 훌쩍 넘었습니다. 긴 시간 동안 이론언어학과 자연 언어 처리라는 두 가지 서로 다른 분야에 발을 담그며 느낀 것은 '언어 연구, 특히 인간의 언어 능력 연구는 연구자가 바라는 만큼의 성과를 낼 수 없는 분야'라는 점이었습니다. 장차 이 분야로 진출하기를 희망하는 어린 독자들에게 너무 비관적인 말을 하고 싶지는 않지만, 솔직한 생각입니다.

이론언어학 종사자들의 문제의식을 외부에 계신 분들이 이해하기란 쉽지 않을 겁니다. 연구자들이 자신을 "언어를 연구하는 사람"이라고 소개하면 많은 경우에 "그럼 몇 개 국어나 하시나요?"라는 질문이 돌아옵니다. 아니면 "핀란드어는 무슨 어족(語族)인가요?", "일본어의 기원은 어디죠?", "어처구니없다고 할 때 어처구니가 뭐예요?" 같은 물음에 대한 답을 알 거라는 기대를 한 몸에 받기도 합니다(물론 그 답 또한 알아야 하는 게 맞겠지만요). 저는 "외국어나 어원을 연구하는 것이 아니라 일본어를 바탕으로, 우리가 어떻게 말로 대화나 이해를 할 수 있는지에 대해 연구합니다."라고 말씀드리지만 듣는 입장에서는 아마도 그 뜻이 크게 와닿지 않겠지요.

어떤 의미에서 일본어를 모국어로 하는 사람은 누구나 일본어 전문가입니다. 그처럼 누구나 할 수 있는 일을 굳이 연구까지 하는 이유에 대해서 많은 분이 납득할 만한 형태의 대답으로 설명해 낸 적은 거의 없는 것 같습니다.

언어 처리의 세계로 들어선 지 얼마쯤 되었을 때, 이 분야 역시 또한 '큰 성과를 낼 수 없는 분야'임을 알게 되었습니다. "어린애들도 아는 말을 왜 기계가 모르죠?", "기계가 프로 바둑 기사를 이기는 시대에 말하는 것쯤은 별로 놀랍지도 않을 일일 텐데 말이에요." 같은 말을 들을 때마다 좀처럼 그 어려움을 이해하는 분이 많지 않다는 것을 느낍니다.

특히 3차 인공지능 붐이 일고 나서는 세간 여기저기에서 "딥러닝을 활용하면 당장이라도 언어를 이해하는 기계를 만들 수 있을 것"이라는 말이 들리기 시작했습니다. 이처럼 연구 현장에서 느끼는 실정과 바깥세상의 기대 사이의 커다란 갭이 위화감을 넘어 위기감을 느낄 정도에 이르렀지요.

다행히 최근에는 토로보 프로젝트(東ロボプロジェクト: 2011년부터 2016년까지 일본국립정보학연구소에서 진행한 인공지능 연구 프

로젝트. '로봇이 도쿄대에 입학할 수 있을까?'를 주제로 한 이 프로젝트에서는 오직 인공지능 로봇에게 도쿄대에 합격할 수 있을 만큼의 능력을 갖추게 하는 일만 목표로 삼았다. 그러나 몇 차례의 대학 입학시험과 모의고사에서 고득점을 내는 데 실패하여 2016년에 개발이 중단되었다- 옮긴이)와 같이 '인간과 인공지능의 차이'를 밝혀내려는 시도나 진지한 연구자들의 대중적 교육이나 저술 활동이 다양하게 이루어진 덕분에 일반인도 현재 상황을 정확하게 이해할 수 있는 기회가 전보다 많아지게 되었습니다.

그럼에도 아직 이 분야의 연구자와 비연구자 사이는 물론, 연구자들 사이에서도 인식의 차이가 큰 듯합니다. 실제로 어려운 부분이 무엇이며, 어떠한 문제가 있는지를 판단하려면 언어학과 언어 처리 지식은 물론 기계 학습 일반, 인공지능 일반에 관해서도 넓고 깊게 알아야 합니다. 그만큼 누구 한 사람이 전체 상황을 정확히 파악하기란 대단히 어려운 것이 지금의 현실입니다.

이 문제를 저 나름대로 정리해 보고 싶다는 생각을 하던 중에, 때마침 아사히 출판사의 오츠키 미와(大槻美和) 씨께서 도서 집필을 제안해 주셨습니다. 오츠키 씨는 2013년에 도쿄대학 출판회에서 출간된 저의 졸저 《백과 흑의 문》과 홈페이지에 게재했던 예전 에세이들을 읽고 "독자에게 말을 사용하는 방식과 사물을 생각하는 방식을 알기 쉽게 가르쳐 줄 수 있는 책을 만들어 보자."고 하셨지요. 오츠키 씨와 이야기를 나누면서 사람과 기계의 언어 이해를 비교하고 인공지능 기술의 현황을 엮은 책을 만들면 재미있겠다고 생각하게 되었습니다. 독자들이 읽고 나서 자신의 '말'을 되돌아보는 계기로 삼을 수 있는 책이 되면 좋겠다고 생각하면서요.

본문 일부를 이야기 형식으로 쓴 것은 "처음부터 끝까지 저자가 선생님 역할을 맡아 해설하는 방식은 싫다."라는 저의 고집과 "스토리를 붙이면 더 읽기 쉽고 요점이 더 잘 전해지지 않을까?" 하는 생각에 따른 것입니다.

어떠한 구성으로 진행할지에 대해서는 오츠키 씨와 대화해 가며 지금과 같은 '족제비 마을 족제비들의 이야기와 해설을 조합하는' 형식에 다다랐습니다. 왜 주인공이 족제비인지는 이 책을 끝까지 읽어 주신 독자분이라면 잘 알게 되셨으리라 생각합니다.

이 책은 어디까지나 언어학과 자연 언어 처리라는 닮은 듯 닮지 않은, 접점이 있어야 할 것 같지만 실제로는 그리 접점을 가지지 않는 두 세계에 몸을 담았던 일개인이 두 분야의 현황과 과제를 정리한 책입니다.

현재 기술의 문제점을 지적할 때는 되도록 문헌을 검색해서 개인적 판단을 앞세우지 않으려고 노력했으나, 주제를 선정하거나 정보를 수집하는 데 개인적인 연구 이력이 영향을 미친 것은 부정할 수 없습니다. 저는 이제껏 기계용 말뭉치(코퍼스, corpus)나 지식 데이터베이스를 만드는 일을 해 왔기 때문에 그 과정에서 느꼈던 어려움이 이 책에서도 강조되었을 거란 생각이 듭니다. 또 언어학 분야 출신이다 보니 '언어학적으로는 중요하지만 언어

처리에서는 그리 주류가 아닌 부분들'이 오랜 세월 마음에 걸렸는지, 이 책에서도 종종 언급하게 되었습니다. 따라서 저와는 다른 배경의 연구자분들이 보시기에는 "응용에는 별거 아닌 문제를 필요 이상으로 꺼내면서 어려워, 어려워 말만 한다" 싶을지도 모르겠습니다.

그럼에도 이 책을 통해 최소한 "이 과제를 완수하지 못하는 이상은 언어를 이해한다고 말할 수 없다."라는, 언어학자가 보는 최소 요건만은 제시하고자 노력했습니다. 이 책을 통해 언어 연구자들이 매일매일 어떤 '괴물'을 상대하고 있는지를 독자 여러분께서 조금이나마 알아주시면 기쁘겠습니다.

담당 편집자인 오츠키 씨로부터는 책의 기획부터 집필, 제목 결정에 이르는 모든 과정에서 많은 도움을 받았습니다. 명확한 의견과 도움이 되는 정보를 제공해 주셔서 감사합니다.

또 같은 편집부의 스즈키 쿠니코(鈴木久仁子) 씨께서도 다방면에 걸친 코멘트를 전달해 주셨습니다. '어떤 독자에게 어떤 내용을 전달할 것인가'를 돌아보는 데 많은 참고가 되었습니다.

이 책은 초고 단계에서 나고야대학의 마츠자키 타쿠야(松崎拓也) 선생님, 오차노미즈 여자대학의 미네시마 코지(峯島宏次) 선생님께 동료 평가를 받았습니다. 의미 처리 연구의 선두주자이신 젊은 두 분으로부터 귀중한 조언과 많은 격려를 받은 것이 이 책을 완성하는 데 강한 원동력으로 작용했습니다.

또 만만치 않은 동물과 로봇들에게 환상적이고도 사랑스러운

'생김새'를 입혀 주신 일러스트레이터 하나마츠 아유미(花松あゆ み) 씨와 이야기 세계를 절묘하게 응축하고 따스함이 느껴지는 책으로 완성해 주신 북 디자이너 스즈키 치카코(鈴木千佳子) 씨께 도 진심으로 감사드립니다.

　많은 분들 덕분에 즐겁게 이 책을 쓸 수 있었습니다. 부디 이 즐거움이 저 하나만의 것에 머무르지 않고, 이 책을 읽어 주신 여 러분께도 공유되기를 바랍니다.

미주

1　이처럼 정답을 포함한 학습 데이터로 학습하는 것을 기계 학습 중에서도 '지도 학습'이라고 부릅니다. 기계 학습 중에는 정답이 없는 학습 데이터를 사용하는 방식도 있습니다.

2　카와하라 타츠야(河原達也), 2013, <음성대화 시스템의 진화와 도태―역사와 최근의 기술 동향―>, 《인공지능 학회지》 Vol.28, No.1, pp.45-51.

3　이마이 무츠미(今井むつみ), 2013, 《언어 발달의 수수께끼를 풀다》, 치쿠마 프리마신서.

4　앨런 튜링(Turing, Alan Madison), 1950, <Computing machinery and intelligence>, Mind, 59, pp.433-460. (다음 서적에 이 논문의 일어 번역본과 해설이 실려 있습니다. 이토 카즈유키 편, 사토 카츠히코·스기모토 마이 역, 2014, 《튜링: 컴퓨터 이론의 기원 제1권》, 킨다이카가쿠샤)

5　시바타 마사요시(柴田正良), 2001, 《로봇의 마음―일곱 가지 철학 이야기》, 코단샤 겐다이신쇼.(튜링 테스트와 그에 대한 반론에 관해서 자세한 해설이 실려 있습니다)

6　ITmedia 엔터프라이즈, 2016, <인공지능과 인간이 진정한 의미에서 '이야기할 수 있게' 될 날>, 10월 13일 자 및 ITmedia 엔터프라이즈, 2016, <'마츠코로이드'와 '마츠코'의 잡담은 왜 실패했는가?>, 12월 2일 자.(히가시나카 류이치로 인터뷰 기사)

7　코이소 하나에(小磯花絵), 츠치야 토모유키(土屋智行), 와타나베 료코(渡辺涼子), 요코모리 다이스케(横森大輔), 아이자와 마사오(相澤正夫), 덴 야스하루(伝 康晴), 2016, <균형 대화 코퍼스 설계를 위한 하루의 대화 행동에 관한 기초 조사>, 《국립국어연구소 논집》 10, pp.85-106.

8　The Loebner Prize in Artificial Intelligence.

http://www.loebner.net/Prizef/loebner-prize.html

9   조셉 바이젠바움(Weizenbaum, Joseph), 1966, <ELIZA – A Computer Program for the Study of Natural Language Communication between Man and Machine>, 《Communications of the Association for Computing Machinery》 9, pp.36-45.

10 Wu, Xianchao., Ito, Kazushige., Iida, Katsuya., Tsuboi, Kazuma., Klyen, Momo., 2016, <린나: 여고생 인공지능>, 《언어처리학회 제22회 연차대회 발표논문집》 pp.306-309.

11 ITmedia 엔터프라이즈, 2017, <왜 인간과 인공지능의 대화는 '파탄'이 나 버리는가?>, 2월 14일 자.(히가시나카 류이치로 인터뷰 기사)

12 마이니치신문, 2016, <AI, 암 치료법 조언 '국내 첫' 백혈병명 10분 만에 간파하다>, 8월 5일 자, 오사카 석간.

13 스티븐 베이커(Stephen Baker) 저, 이창희 역, 2011, 《왓슨 인간의 사고를 시작하다》, 세종서적(절판).

14 위의 책.

15 IBM, 2017, <퀴즈 프로그램에 도전한 IBM Watson>, http://www.ibm.com/smarterplanet/jp/ja/ibmwatson/quiz/index.html, 3월 12일.

16 여기에서 말하는 '바깥 세계'를 반드시 현실 세계로 단정할 수는 없음을 밝힙니다. 가공의 이야기 속 세계나 수학에서 상정되는 추상적인 세계도 포함됩니다.

17 Krizhevsky, Alex., Sutskever, Ilya., Hinton, Geoffrey E., 2012, <ImageNet Classification with Deep Convolutional Neural Networks>, 《Proceeding of Advances in Neural Information Processing Systems》, 25.

18 오카타니 타카유키(岡谷貴之), 2015, <딥러닝과 이미지 인식: 기초와 최근 동향>, 《오퍼레이션즈 리서치: 경영의 과학》, 60(4), pp.198-204.

19 이이다 타카시(飯田隆), 1987, 《언어철학대전 I 논리와 언어》, 타이슈칸쇼텐.

20 키타하라 야스오 편, 2010, 《메이쿄 국어사전 제2판》, 타이슈칸쇼텐.

21 여기에서 한 가지 일러둡니다. 이 책에서는 '추론'이라는 단어를 '전제가 참일 때에 결론도 반드시 참이 되는' 유형의 추론만을 가리켜 사용합니다. 이 유형의 추론을 '연역적 추론'이라고 부릅니다. 그러나 추론이라는 말이 넓은 의미에서 사용될 때는 '결론 도출법'도 포함하는 경우가 있습니다. 그러한 예 중에는 "우리 아빠는 단것을 좋아해. 오빠도 단것을 좋아해. 우리 반 남자애들도 다 단것을 좋아해."라는 개별 사례로부터 "남자는 모두 단것을 좋아한다."와 같은 일반적인 추론을 도출하는 '귀납적 추론'이나 "영희는 개를 키운다."에서 "영희가 개를 좋아한다고 생각하면 그녀가 개를 키우는 것은 자연스러운 귀결이다."라는 사고를 거쳐 "영희는 개를 좋아한다."라는 결론을 도출하는 '가설적 추론(abduction)' 등이 있습니다. 이러한 유형

들의 '결론 도출법'에서는 '전제'가 참이어도 '결론'이 참이라고 잘라 말할 수 없습니다. 따라서 이 책에서 말하는 추론에는 포함하지 않습니다.

22 단 '영희는 사람이다.'라는 전제가 성립되어 있을 필요가 있습니다. 아래의 예도 마찬가지입니다.

23 물론 '나가다'와 '외출하다'는 단어의 뉘앙스가 다릅니다. 그리고 우리가 어느 쪽 표현을 쓰느냐에 따라 상대방에게 주는 인상도 달라집니다. 그러니 여기에서의 '추론에서 본 동의성(同意性)'은 그러한 뉘앙스의 차이를 고려하지 않습니다. '뉘앙스의 차이도 뜻이다'라고 생각하시는 분도 계시겠지만, 적어도 여기에서는 '문장의 참-거짓을 생각할 때의 레벨'과 '문장이 사람에게 주는 인상의 레벨'을 분리해서 다루고 있습니다.

24 Dagan, Ido., Glickman, Oren., Magnini, Bernardo., 2006, <The PASCAL recognizing textual entailment challenge>, 《Quionero-Candela et al. eds. *First PASCAL Machine Learning Challenges Workshop*》, pp.177-190.

25 보다 어려운 과제로 '전제'가 문장의 형태로 주어지지 않고 문서에서 '전제'를 찾아내서 '결론'의 참-거짓을 판단하는 일이 있습니다. 평가형 워크숍 NTCIR이 주최한 RITE-VAL은 그중 하나입니다. (참고) Matsuyoshi, Suguru., Miyao, Yusuke., Shibata, Tomohide., Lin, Chuan-Jie., Shih, Cheng-Wei., Watanabe, Yotaro., Mitamura, Teruko., 2014, <Overview of the NTCIR-11 Recognizing Inference in TExt and VALidaion (RITE-VAL) task>, 《*Proceedings of the 11th NTCIR Conference*》, pp.223-232, 2014.

26 과제에 따라서는 '전제로부터 결론이 추론 가능한가'와 '전제로부터 결론이 추론 불가능한가' 이 두 가지 패턴만 설정하는 경우가 있습니다.

27 WordNet, Princeton University. https://wordnet.princeton.edu/

28 일본어 WordNet, 정보통신연구기구 http://nlpwww.nict.go.jp/wn-ja/

29 타마가와 스스무(玉川 奬), 사쿠라이 신야(桜井慎弥), 테지마 타쿠야(手島拓也), 모리타 타케시(森田武史), 이즈미 노리아키(和泉憲明), 야마구치 타카히라(山口高平), 2010, <일본어 Wikipedia로부터의 대규모 온톨로지 학습>, 《인공지능 학회 논문지》 25권 5호, pp.623-636.

30 젤리그 해리스(Harris, Zellig), 1954, <Distributional Structure>, 《*Word*》 10 (23), pp.146-162.

31 Mikolov, Thomas., Chen, Kai., Corrado, Greg., Dean, Jeffrey., 2013, <Efficient Estimation of Word Representations in Vector Space>, 《*Proceedings of Workshop at ICLR*》.

32　Kottur, Satwik., Vedantam, Ramakrishna., Moura Jose M.F., Parikh, Devi., 2015, <Visual Word2Vec(vis-w2v): Learning Visually Grounded Word Embeddings Using Abstract Scenes>, arXiv preprint arXiv:1511.07067.

33　Lazaridou, Angeliki., Nghia The Pham., Baroni, Marco., 2015, <Combining language and vision with a multimodal skip=gram model>, arXiv preprint arXiv:1501.02598.

34　Mohammed, Saif M., Dorr, Bonnie J., Hirst, Graeme., Turney Peter D., 2013, <Computing Lexical Contrast>, 《Computational Linguistics》, 39 (3).

35　Dinu, Anca., 2015, <Formal versus distributional semantics for natural language: a survey>, 《Annals of the University of Bucharest》, Anul LXII, Nr. 3, pp.1-12.

36　Lewis, Mike., Steedman, Mark., 2013, <Combined distributional and logical semantics>, 《Transactions of the Association for Computational Linguistics》, 1, pp.179-192.

37　McNally, Louise., 2016, <Combining Formal and Distributional Semantics: An Argument from the Syntax and Semantics of Modification>, invited talk at Logical Aspects of Computational Linguistics (LACL), Dec 5, INRIA, Nancy, France.

38　오카자키 나오키(岡崎直観), 2016, <언어 처리에 있어서의 분산 표현 학습의 프런티어>, 《인공지능》 Vol.21, No.2, pp.189-201.

39　Bowman, Samuel R., Angeli, Gabor., Potts, Christopher., Manning, Christopher D., 2015, <A large annotated corpus for learning natural language inference>, 《Proceedings of the 2015 Conference on Empirical Methods in Natural Language Processing(EMNLP)》.

40　보다 정확하게 이야기하자면 'P하고 Q하지 마라.'라는 문장에서 '말다'의 영향 범위가 ①처럼 설정된 경우에도 논리적인 가능성으로는 'P하지 마라. Q하지 마라.'라는 뜻 외에도 'P해라. Q하지 마라.'라는 의미와 'P하지 마라. Q해라.'라는 뜻이 있을 수 있습니다. 'P해라. Q하지 마라.'는 위의 ②와 같은 의미입니다. 'P하지 마라. Q해라.'는 이를테면 '비겁한 수를 써서 이기지 마라. 정정당당히 승리해라.'와 같은 예에서 찾아볼 수 있습니다('비겁한 수를 쓰지 마라'와 동시에 '이겨라'라는 뜻).

41　Zhong, Zhi., Ng, Hwee Tou., 2010, <It Makes Sense: A Wide-coverage Word Sense Disambiguation System for Free Text>, 《Proceedings of the 48th ACL》, pp.78-83, Uppsala, Sweden.

42　Shen, Hui., Bunescu, Razvan., Mihalcea, Rada., 2013, <Coarce to Fine Grained Sense Disambiguation in Wikipedia>, 《SEM2013: The Second Joint Conference on Lexical and Computational Semantics》, pp.22-31, Atlanta, Georgia.

43 Pilehvar, Mohammad Taher., Navigli, Roberto., 2014, <A Large-scale Pseudoword-based Evaluation Framework for State-of-the-Art Word Sense Disambiguation>, 《Computational Linguistics》, 40 (4), pp.837-881.

44 Iacobacci, Ignacio., Pilehvar, Mohammad Taher., Navigli, Roberto., 2016, <Embedding for Word Sense Disambiguation: And Evaluation Study>, 《Proceedings of the 54th ACL》, pp.897-907, Berlin, Germany.

45 이노우에 마사루(井上 憂), 2001, <현대 일본어의 '-た'―'…-た'의 의미에 관해, 츠쿠바 언어문화포럼 편>, 《'-た'의 언어학(「た」の言語学)》, 히츠지쇼보.

46 우츠기 마이카(宇津木舞香), 이나다 카즈아키(稲田和明), 카네코 키미(金子貴美), 벡키 다이스케(戸次大介), 이누이 켄타로(乾 健太郎), 2016, <형식의미론에 기초한 사건 간 관계 인식에 대한 리소스 구축 전망과 과거형 시제 '-た'의 애너테이션(形式意味論に基づく出来事間関係認識に向けて-リソース構築の展望とテンス「タ」のアノテーション)>, 《언어처리학회 제21회 연차대회 발표논문집》, B7-3.

47 폴 그라이스(Grice, Paul), 1975, <Logic and Conversation>, P. Cole ed. 《Syntax and Semantics》, vol.9, Academic Press. 일본어판: 폴 그라이스 저, 키요즈카 쿠니히코 역, 1998, 《논리와 대화》, 케이소쇼보.

48 이 예제는 저자가 만든 예제로, 실재하는 발언과는 관계없습니다.

49 이 예제 또한 저자가 작성한 예입니다. 실재하는 발언이나 발언자, 사건과는 관계 없습니다.

50 이마이 무츠미(今井むつみ), 2013, 《언어 발달의 수수께끼를 풀다》 2장 참조.

51 자세한 내용은 위의 책 6장 참조.

52 Miligan, Karen., Astington, Janet Wilde., Dack, Lisa Ain., 2007, <Language and theory of mind: meta-analysis of the relation between language ability and false-belief understanding>, 《Child Development》 78 (2), pp.622-646.

53 수잔 H. 포스터-코헨(Susan H. Foster-Cohen) 저, 이마이 쿠니히코 역, 2001, 《어린아이는 어떻게 언어를 획득하는가(An Introduction to Child Language Development)》, 이와나미쇼텐.

그 밖의 참고 문헌

〈1장〉

카와하라 타츠야(河原達也), 2015, 〈음성인식기술의 전개〉,《전자정 보통신학회 기술연구보고》, PRMU2015-111, pp.111-116.

쿠보 요타로(久保陽太郎), 2014, 〈음성인식을 위한 심층학습〉,《인공 지능학회지》Vol.29, No.1, pp.62-71.

하카마타 토모히로(袴田智博), 2015, 〈자칭·세계에서 가장 알기 쉬 운 음성인식 입문〉, slideshare 슬라이드, https://www.slideshare.net/ c5tom/ss-56184353

시노다 코이치(篠田浩一), 이노우에 나카마사(井上中順), 2016, 〈음성· 화상·영상 처리의 심층 학습〉, 언어처리학회 제22회 대회 튜토리얼, 토호쿠 대학, 3월 7일.

〈2장〉

나카노 미키오(中野幹生)·코마타니 카즈노리(駒谷和範)·후나코시 코 타로(船越孝太郎)·나카노 유키코(中野有紀子) 저, 오쿠무라 마나부(奥 村学) 감수,《대화 시스템》, 자연언어처리 시리즈 7, 코로나샤.

히가시나카 류이치로(東中竜一郎), 후나코시 코타로(船越孝太郎), 2016, 〈대화 시스템의 이론과 실천〉, 언어처리학회 제22회 대회 튜 토리얼, 토호쿠 대학, 3월 7일.

〈4장〉

시나가와 마사타로(品川政太郎), 요시노 코이치로(吉野幸一郎), 그레이엄 뉴빅(Graham Neubig), 나카무라 테츠(中村 哲), 2016, <캡션으로부터의 화상 생성을 행하는 뉴럴 네트워크로의 대화적 수정의 도입과 검토>, 2016년도 인공지능학회 전국대회논문집, 1A4-OS-27b-4.

전술, 시노다 코이치(篠田浩一), 이노우에 나카마사(井上中順), 2016, <음성·화상·영상 처리의 심층 학습>

Goodfellow, Ian., Bengio, Yosua. and Courville, Aaron., 2016, 《Deep Learning》, The MIT Press.

Masimov, Elman., Parisotto, Emillio., Lei Ba, Jimmy. and Salakhutdinov, Ruslan., 2016, <Generating Images from Captions with Attention>, ICLR 2016.

〈6장〉

Chierchia, Genarro. and McConnell-Ginet, Sally., 2000, 《Meaning and Grammar》, 2nd Edition, the MIT Press.

Dagan, Ido., Roth, Dan., Sammons, Mark. and Zanzotto, Fabio., 2013, 《Recognizing Textual Entailment》, Morgan & Claypool Publishers.

Ovchinnikova, Ekaterina., 2012, 《Integration of World Knowledge for Natural Language Understanding》, Atlantis Press.

〈7장〉

쿠로하시 사다오(黑橋禎夫), 시바타 토모히데(柴田知秀), 2016,《자연 언어 처리 개론》, 사이엔스사.

Suchanek, Fabian M., Kasneci, Gjergji and Weikum, Gerhard., 2007, <YAGO: A Core of Semantic Knowledge Unifying WordNet and Wikipedia>, *Proceedings of 16th International World Wide Web conference* (WWW2007).

〈9장〉

토쿠나가 타케노부(德永健伸), 2013, <언어 사용과 코퍼스>, 마에카와 키쿠오(前川喜久雄) 편《코퍼스 입문》4장, pp.79-104, 아사쿠사 쇼텐.

게으른 족 제비와
말을 알아듣는 로봇

초판 1쇄 발행 2019년 10월 4일
초판 2쇄 발행 2024년 5월 31일

지은이   카와조에 아이
옮긴이   윤재
펴낸이   이혜경

펴낸곳   니케북스
출판등록   2014년 4월 7일 제300-2014-102호
주소   서울시 종로구 새문안로 92 광화문 오피시아 1717호
전화   (02) 735-9515
팩스   (02) 6499-9518
전자우편   nikebooks@naver.com
블로그   blog.naver.com/nikebooks
페이스북   www.facebook.com/nikebooks
인스타그램 〔니케북스〕 @nike_books
          〔니케주니어〕 @nikebooks_junior

한국어판출판권 ⓒ 니케북스, 2019
ISBN 978-11-89722-11-1 03400

이 도서의 국립중앙도서관 출판예정도서목록(CIP)은
서지정보유통지원시스템 홈페이지(http://seoji.nl.go.kr)와
국가자료종합목록 구축시스템(http://kolis-net.nl.go.kr)에서
이용하실 수 있습니다. (CIP제어번호 : CIP2019035950)

책값은 뒤표지에 있습니다.
잘못된 책은 구입한 서점에서 바꿔 드립니다.